빛깔있는 책들 301-31

한국의 약수

글/민병준 ● 사진/남승찬

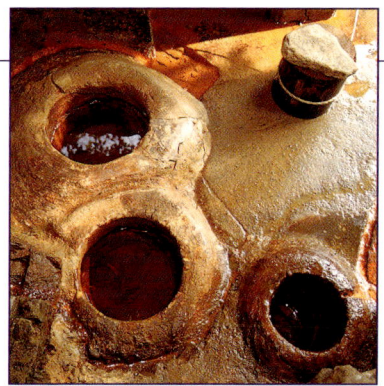

대원사

민병준

충남대학교 국어국문학과를 졸업하고 월간 「사람과 山」 편집부에 근무하였다. 1996년 한국잡지탄생 100주년 기념 제30회 한국잡지언론상 기자부문을 수상했으며, 동아일보에 '민병준의 등산 안내'를 연재하기도 했다. 1997년에는 파키스탄 히말라야 낭가파르밧(8,125미터)을 등반했다.
현재는 여러 잡지사와 사보 등에 나라의 산천과 문화유적 관련 기획 등 프리랜서로 활동하고 있다.

남승찬

일본에서 사진을 공부했고 현재 국내 다큐멘터리 전문 사진가로 활동하고 있다.

한국의 약수

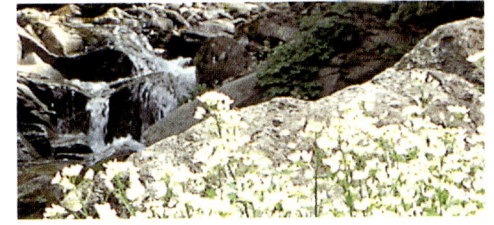

한국의 약수

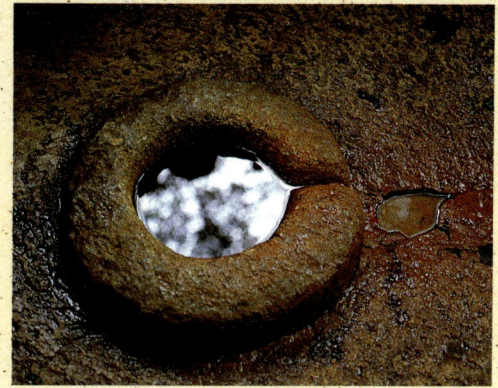

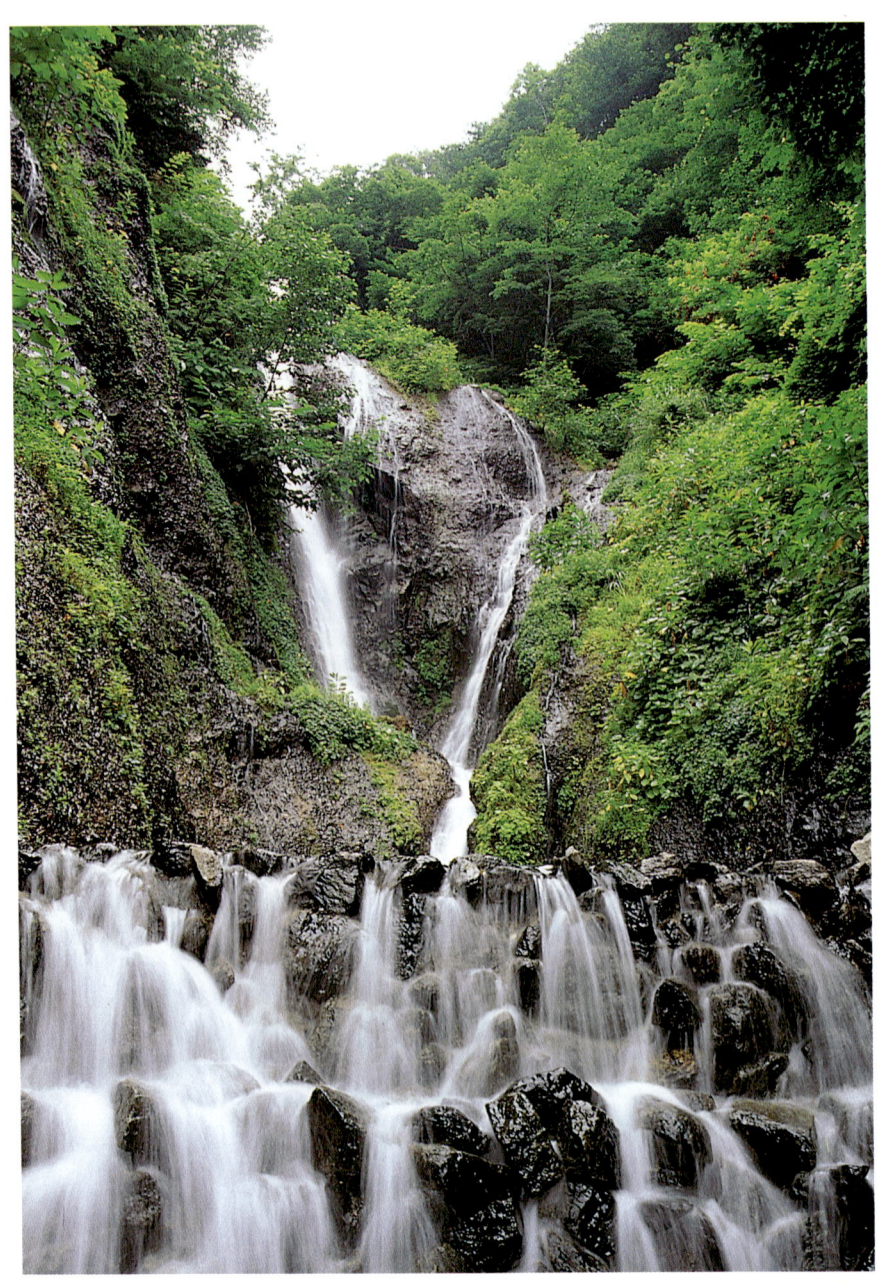

울릉도 봉래폭포 저동천(苧洞川)의 수원지인 주삿골에 있다. 성인봉의 원시림을 뚫고 여름에도 추위를 느낄 정도로 시원하게 쏟아지는 폭포에서 무한한 생명력을 느낄 수 있다.

한국인과 물

　인류의 4대 문명 발상지는 이집트의 나일강, 메소포타미아의 티그리스-유프라테스강, 인도의 인더스강, 중국의 황하 유역이다. 이렇게 큰 하천을 끼고 있는 곳에서 문명이 발달한 이유는 물이 농경과 산업 활동 등에 없어서는 안 될 물질이기도 하거니와 인체가 생리적으로 물을 필요로 하기 때문이다.

　이런 까닭에 이미 오래 전 고대 그리스 철학자 탈레스(Thales of Miletus, 생몰 미상)는 '물은 만물의 근원'이라고 결론지었으며 아리스토텔레스(Aristoteles, 기원전 384~322년)는 물이 땅, 공기, 불과 더불어 네 가지 중요한 물질임을 갈파하였다.

　또 일찍이 중국 전국시대의 논문집인 『관자(管子)』에서는 물을 일컬어 '생명의 근원'이라고 하였다. 동양 철학의 주요 경전인 『주역(周易)』에서도 우주의 근원을 설명하는 오행에서 물을 으뜸으로 꼽고 있다. 또한 물을 생명과 인류 생성의 근원에 비유하는 것은 종교에서도 마찬가지여서 구약성서 창세기 첫머리에 "하나님의 신(神)은 수면(水面)에 운행하시니라"고 기록되어 있다.

　결국 물은 인간을 비롯한 모든 생물체에게 필요 불가결한 존재이다.

생물체를 구성하고 있는 여러 물질 가운데서도 물은 생물체 중량의 70 내지 80퍼센트, 많을 경우 95퍼센트까지 차지할 정도로 중요한 생체 성분이며 인간의 신체도 3분의 2가 물로 이루어져 있다.

물은 인체에서 물질대사로 생긴 노폐물을 체외로 배출시키는 역할과 체내의 갑작스런 온도 변화를 막아 주는 등 여러 가지 기능을 담당하고 있다. 이러한 물의 공급이 원활하지 않으면 여러 장애가 생긴다. 수분 부족이 지속되면 체내의 노폐물이 잘 배설되지 않기 때문에 독소가 체내에 쌓여 생명을 잃을 수도 있고, 신진대사가 순조롭지 못해 혈액의 농도가 짙어지므로 뇌경색 같은 병이 생기기 쉽다.

또한 물은 현존하는 물질 가운데 유일하게 바닷물, 강물, 지하수, 빗물, 온천수, 눈, 얼음, 수증기, 안개 등 액체·고체·기체의 모든 상태로 존재한다. 액체인 물이 지구 표면의 4분의 3을 차지하며 고체로 땅덩어리의 형태를 끊임없이 변화시켜 왔으며 이러한 순환을 통해 기후 변화의 중요한 원동력이 되어 왔다.

그 가운데 우리 삶에 가장 유용하게 쓰이는 것이 지하수이다. 사람이나 동식물의 음료와 관개, 농업 용수 등으로 사용하는데 우리가 '약수(藥水)'라고 부르는 물도 지하수에 포함된다. 지하수는 지표면 아래의 모든 공극에 차 있는 물로서 지층 구조에 따라 다른데 아주 세밀한 광물성 입자인 실트(silt)나 물과 만나면 점성을 띠는 점토는 50 내지 70퍼센트, 모래는 30 내지 40퍼센트, 잔 자갈층은 25 내지 30퍼센트, 굵은 자갈층은 20 내지 25퍼센트의 공극을 갖고 있다. 자갈층보다는 실트나 점토층이 많은 공극을 가지고 있어 더 많은 양의 물을 품을 수 있다. 그러나 지하수의 대부분은 샘이나 우물에서 용출하는 가용 지하수가 아니라 실트나 점토 등에 붙어 있는 비가용 지하수로서 거의 쓸 수 없다.

우리가 식수로 사용하고 있는 수돗물은 강물 등을 정화하여 상수도를 거쳐 집의 수도로 연결된다. 그러나 도시화, 산업화로 물의 오염이 심해지고 도시의 상수도에 살균을 위해 염소를 많이 쓰게 되면서 국민들이 수돗물을 믿지 못하게 되었다. 예전엔 집 앞에 흐르는 도랑물을 그냥 먹을 수 있을 정도의 맑은 물을 세계에 자랑하던 우리나라도 이젠 물을 수입하여 마셔야 할 정도로 수질 오염이 심해졌다. '삼천리 금수 강산'이라는 말을 쓰기조차 민망하게 되어 버렸다.

좋은 물은 우선 수온이 일년 내내 변함이 없고 냄새가 나지 않아야 하며 각종 미네랄과 용해성 무기질, 유리성 탄산가스를 알맞게 함유한 약한 산성이어야 한다. 인체에 해로운 균이나 유독한 성분이 없어야 함은 물론이다. 그래서 물 한 모금 마시는 것도 함부로 하지 않고 까다롭게 따지는 품천가(品泉家)들은 맑고, 차고, 부드럽고, 가볍고, 아름답고, 맛이 좋고, 냄새가 나지 않으며 탈이 없는 물을 최고로 쳤으며 이를 물의 여덟 가지 덕목이라 하였다.

약수 신앙

우리나라 사람들에게 물은 물리적인 위상이 아니라 정신과 감정을 지배하는 정신적이고 정서적인 위상이다. 오랫동안 수도작의 비중이 매우 높은 농경 생활을 해온 우리 민족에게 물의 가치는 매우 높았다. 시베리아 원주민 신화나 일본 신화 등 저지 않은 세계 신화들에서는 물을 생명이 있는 모든 존재의 첫 모태로 간주하고 있는데, 이것은 풍요와 생명의 원리로서 물이 가지는 원형성을 말하고 있는 것이다.

「베포도업침」이라는 제주도 천지개벽 신화의 첫머리인 "삼경개문도업(三更開文都業) 제일릅긴, 요 하늘엔 하늘로 청이슬, 땅으로 흑이슬, 중앙 황이슬나려 합수(合水)될 때, 천지인황 도업으로 제이르자"에서 보면, 우주의 이슬 기운이 모여 된 합수를 개벽의 계기로 묘사하고 있다. 이렇듯 한국인이 가꾸어 온 물의 원형성은 신화에서 천지개벽의 계기가 된 원수(源水) 관념과 농경 생활에서 비롯된 풍요와 생명력의 원리가 상호 작용을 하면서 복합적으로 형성된 것이라고 할 수 있다.

신화에서의 천지개벽의 원수 관념은 후세의 각종 홍수 설화와 물에 관련된 태몽들에 그 자취가 남아 있으며 다시 강이나 바다를 죽음과 재생의 상징으로 형상화하는 작품들에까지 영향을 미쳤다.

고구려 「동명신화」에서는 동명왕의 어머니인 유화가 웅심연이라는 연못 출신으로 그려져 있다. 이것은 신라 박혁거세의 왕비인 알영이 알영정이라는 우물 출신인 것과 마찬가지이며 고려왕조의 여시조인 용녀

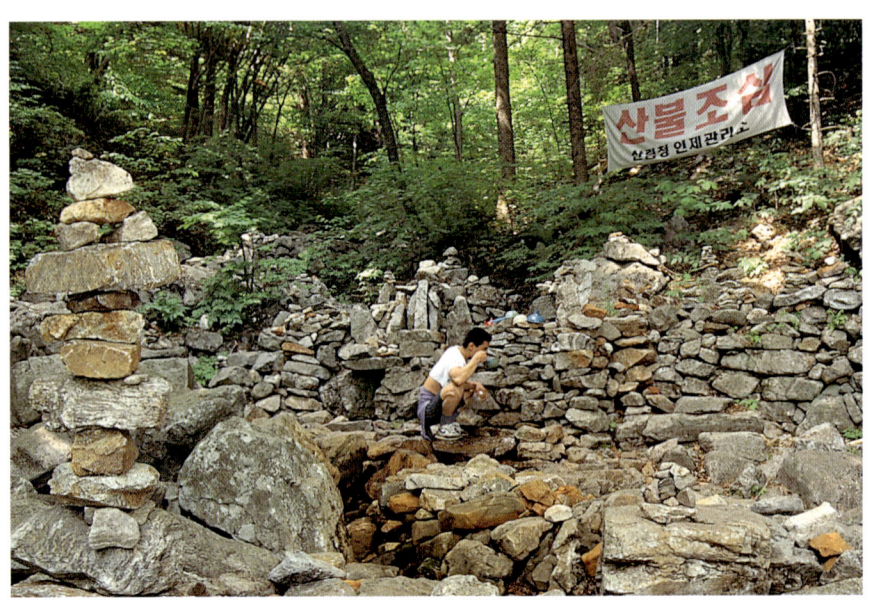

개인약수터 근처의 돌탑들 약수터마다 이를 관장하는 신이 있다고 믿어 근처에 제사를 올릴 제단을 쌓거나 소망을 비는 돌탑을 만드는 등 신앙화하였다.

또한 개성 대정(開城大井)이라는 우물 출신으로 알려져 있다. 따라서 우리 신화에 나타나는 여성성의 대표격인 유화, 알영, 용녀는 한결같이 '물의 왕비'나 '물의 여시조'라는 성격을 갖고 있다.

'물의 왕비'들이 물이 지닌 풍요와 생명의 원리 그 자체를 형상화하거나 인간적으로 구현한 것이라면 그들을 '물할미' 곧 '수고(水姑)'들과 같은 선에 놓고 생각해 볼 수 있겠다. 따라서 약수를 신앙하는 사람들은 샘이나 우물의 지배자라고 믿어 온 물의 여신이 물할미이고, 이 물할미를 물의 왕비 또는 물의 여시조의 원형으로 간주할 수도 있다. 이렇듯 여성으로 상징되는 물이 생명 원리를 간직한 우물에서 신앙화한 사례는 후대에서도 심심찮게 발견된다.

이런 신앙은 현재 약수터 주변에서도 어렵지 않게 발견된다. 각 약수터마다 이를 관장하는 신이 있다고 믿어 제사를 올리기 위해 쌓은 제단이나 소망의 돌탑이 약수터 주변에 즐비한 것 등에서 한민족의 무의식에 흐르는 심성을 살필 수 있다.

실제로 우리 민족은 풍요와 생명력의 근원인 물을 신성하게 여겼는데 고려 용녀와 관계된 개성 대정을 신정(神井)으로 일컬어 정사(井祠)까지 갖추고 있는 것을 통해서도 잘 알 수 있다.

물은 민간에서도 신앙으로서 큰 구실을 하였는데 생명력과 정화력, 풍요의 근원으로 섬겨지면서 독특한 종교적 기능을 발휘하였다. 사람들은 물의 생명력에 '약'이라는 말을 붙인 '약수'를 마시며 의술적인 치유력을 기원하였다.

물의 생명력이나 풍요함은 '용신' 또는 '용왕'이라는 이름에서도 보이듯 용으로 표상되기도 하였다. 용이라는 짐승은 물에서 태어나 물을 관장한다고 알려져 있으므로 당연하게 농경의 신으로 섬겨졌다. 오늘날에도 농부들이 논두렁에서 '용왕먹이기'를 하고 있는 것은 수신(水神)에게 풍요를 빌기 위해서이다.

각 약수터마다 용이 등장하는 전설이 많다. 이것도 약수가 용왕의 물로 관념화되었기 때문으로 볼 수 있다.

한편 물은 불과 함께 정화력을 갖고 있다고 믿어져서 부정을 물리치는 기능도 하였다. 바가지에 담긴 찬물을 세 번 흩뿌리거나 심마니들이 산삼을 캐러 떠나기 전에 목욕재계하는 행위는 대표적인 정화의 주술이다. 특히 정화수는 그 자체로 치성드리는 사람의 정성을 나타내는 것으로 생각되었다.

역사와 민속에서 나타나는 물

물에 바치는 제례의 기록은 삼국시대부터 나타난다.

『삼국사기(三國史記)』에는 고구려의 제례에 대해 "언제나 삼월 삼짇날이면 낙랑의 언덕에 모여 사냥하였으되, 사냥한 사슴과 돼지를 하늘과 산천에 제사올렸다"라는 기록이 있고, 신라의 제례로는 "삼산 오악과 그 밖의 명산대천을 나누어 크고 작은 제사를 올렸다"라고 기록되어 있다. 이들에게 바치는 제례는 국가에서 주관하는 정기적 제례였다. 국가에서 지내는 부정기적 제례에는 가뭄이 들 때를 비롯하여 비상시에 지내는 기우제가 있었는데 왕이 직접 지내는 기우제는 강하(江河)뿐 아니라 연못에서도 이루어졌다.

산천에 국가적으로 올리는 제례는 고려시대에도 마찬가지로 전승되었다. 『고려사(高麗史)』에 "팔관(八關)은 하늘의 신령과 명산대천과 동신을 섬기기 위함이다"라고 한 것처럼 대규모 국가 행사인 팔관회도 부분적으로는 하천과 용신에게 제사드리는 목적을 지니고 있었다.

조선의 『태종실록(太宗實錄)』에는 "산천에 올리는 제사의 등급을 나누지 않았으니, 나라 안의 명산대천 및 여러 산천을 옛날 제도에 의거

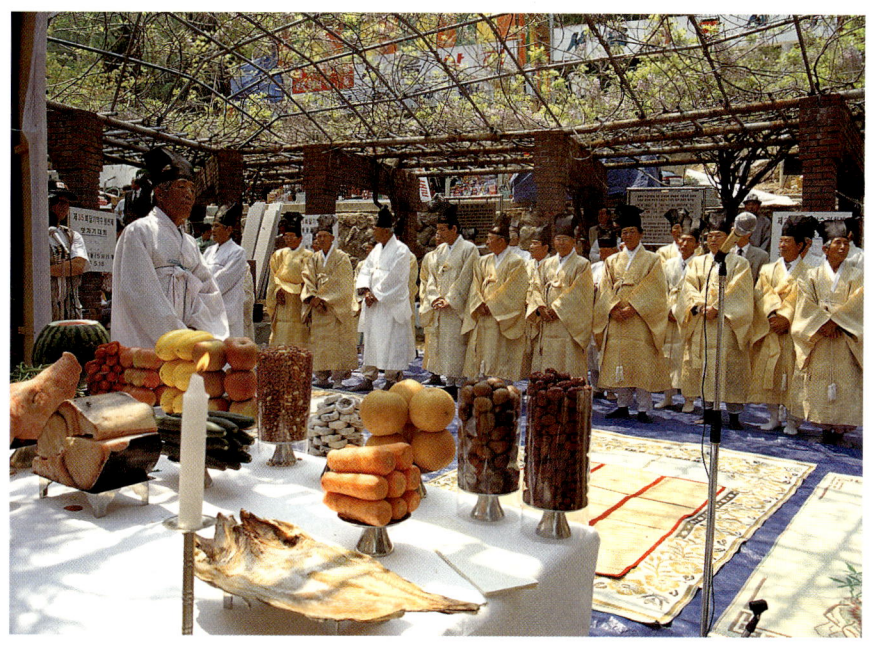

달기약수 영천제 약수에는 물의 생명력에 '약'이라는 말을 붙여 의술적인 치유력을 빌었고 이에 감사하는 마음으로 하늘에 제사지낸다.

하여 등급을 나누기를 바랍니다"라고 하여 산천에 등급을 매기려 하였음을 알 수 있다. 그 결과 남·동·서해의 3해와 한강, 경기도의 덕진, 충청도의 웅진, 경상도의 가야진, 압록강, 평양강 등 6독에는 중사(中祀)를 올리고 경기도의 양신, 황해노의 아사신, 정전상 능에서는 소사(小祀)를 드리게 되었다. 그리하여 조선시대에는 산천단, 산천성황의 제도가 확립되고 하천신 가운데 일부를 호국신으로 섬기기도 하였다.

서사무가에서의 물

서사무가는 고대의 무속 제전(祭典)이 사라진 뒤에도 무속 신앙을

기반으로 전승된 신화이자 서사시이다. 오늘날까지 전하는 서사무가가 역사가 흐르는 동안 어느 정도의 변모를 거쳤는가는 아직 자세히 밝혀지지 않았다. 그러나 한민족의 원초적 우주관, 인간관을 이해하는 데는 아주 중요한 자료가 된다.

민담이나 설화는 이름난 약수터 주변에서 흔하게 채록되는데 전국적으로 전승되는 서사무가 가운데 가장 널리 알려진 「바리공주」에는 '신기한 약물'이라는 약수가 등장한다.

「바리공주」는 바리데기, 오구풀이, 칠공주, 무조전설이라고도 불리며 죽은 사람의 영혼을 위로하고 저승으로 인도하기 위해 베풀어지는 지노귀굿, 씻김굿, 오구굿 등의 무속 의식에서 구연된다. 지금까지 「바리공주」는 20편 가량 채록되었는데 각 지역과 구연자에 따라 많은 차이를 보인다. 그러나 내용상의 큰 차이는 없으며 대체로 아래와 같은 서사 단락의 기본 골격을 공유한다.

옛날 임금 부부가 딸만 내리 일곱을 낳는다. 아들을 얻지 못해 상심한 왕은 마지막으로 태어난 딸을 내버린다. 버림받은 막내딸은 천우신조로 잘 자라고 왕은 하늘이 내린 아기를 버린 죄로 죽을병이 든다. 왕의 병을 고치기 위해서는 저승의 '신기한 약물'이 필요한데 만조 백관과 여섯 딸은 모두 약물 구하는 것을 거절한다.

이때 버림받은 막내딸이 찾아와 약물을 구하겠다며 길을 떠나 여러 가지 난관을 극복한 끝에 저승에 도착한다. 막내딸은 약물 관리자의 요구로 고된 일을 여러 해 해주고 그와 결혼하여 아들까지 낳은 다음에야 겨우 약물을 얻어 돌아온다.

그러나 국왕은 이미 죽어 상여를 내가는 중이었다. 막내딸은 신기한 약물과 여러 신비로운 약초로 부친을 살린다. 이 공으로 막내딸 바리공주는 이승과 저승의 길을 인도하는 무신(巫神)이 된다.

이처럼 바리공주가 이승과 저승 사이의 길을 열어 죽은 이의 혼을 편안하게 인도하는 힘을 지닐 수 있게 된 것은 바로 '신기한 약물' 때문이다. 한민족의 우주관과 인간관을 이해하는 데 큰 역할을 하는 서사무가 「바리공주」에 '신기한 약물'이 등장한다는 사실에서 약수를 바라보는 한민족의 시선을 단편적으로 느낄 수 있다.

동의보감에서의 물

우리 선조들은 약수에 대한 집착이 강한 만큼 같은 물이라도 여러 종류로 세분하여 써 왔다. 특히 조선시대 의성(醫聖) 허준(許浚, 1546~1615년)은 『동의보감(東醫寶鑑)』의 「논수품(論水品)」에서 물을 33종으로 나누어 각각의 성질과 용도를 자세히 설명하고 있는데 그 내용은 다음과 같다.

정화수(井華水) 새벽에 제일 먼저 길은 우물물이다. 성질이 순하며 맛이 달고 독이 없어서 구격(입, 양 눈, 양 귀, 양 코, 변 보는 두 곳을 이르는 인체의 아홉 구멍)에서 출혈하는 것을 치료한다. 또 입냄새를 없애고 안색을 곱게 하며 음주 후의 신열과 배탈을 다스린다. 이 물은 약을 다리고 개고 마시는 데 쓰며, 술이나 식초에 넣으면 그 음식이 썩지 않는다.

국화수(菊花水) 국화로 덮인 못이나 수원지의 물을 말한다. 일명 국영수(菊英水)라고도 하는데, 성질이 온순하고 맛이 달며 독이 없다. 중풍으로 마비된 몸, 어지럼증 등을 다스리며 풍기를 제거하고 몸이 쇠약해지는 것을 보한다. 또 안색을 좋게 하고 오래 마시면 수명이 길어지며 늙지 않는다.

납설수(臘雪水) 동지 뒤 셋째 술일인 납일에 오는 눈이 녹은 물로 성질이 차고 맛이 달며 독이 없다. 유행성 감기, 폐렴, 급성 열병, 유행성 전염병과 음주 후의 신열, 황달(급성 간염)을 다스리며 일체의 독을 풀어 준다. 또 이 물로 눈을 씻으면 충혈이 없어진다.

춘우수(春雨水) 정월의 빗물인데 그릇에 담아 두었다 약을 달여 먹으면 기운이 솟는다. 이 물을 부부가 각각 한 잔씩 마시고 합방하면 신효하게 잉태한다.

추로수(秋露水) 가을 이슬로 성질이 부드럽고 맛이 달며 독이 없다. 조갈증(燥渴症)을 그치게 하고 몸이 가볍고 살결이 고와진다.

동상(冬霜) 겨울에 내리는 서리로 본질이 촘촘하고 독이 없다. 뭉쳐서 먹으면 음주 후의 열, 얼굴 붉은 것, 감기로 인한 코막힘 등을 다스릴 수 있다.

박(雹) 우박을 말한다. 장맛이 나쁠 때 두 되쯤 장독 속에 넣어 두면 맛이 좋아진다.

한천수(寒泉水) 좋은 우물물로 성질이 순하고 맛이 달며 독이 없다. 소갈증, 구역질, 열병과 이질, 임질 등을 다스린다. 산초나무 독을 풀어 주고 생선 가시 걸린 것을 내려가게 한다.

하빙(夏氷) 여름에 쓰는 얼음을 말한다. 성질이 대단히 차고 맛이 달며 독이 없어 열을 제거한다. 여름에 음식을 냉하게 하는 데에는 얼음을 쓰는 것이 좋다. 부숴서 먹으면 잠깐 동안은 상쾌하나 오래되면 병이 된다.

방제수(方諸水) 아침 이슬의 일종이다. 성질이 차고 맛이 달며 독이 없다. 부스럼 독을 씻고 흉터를 없애며 옷을 빨면 잿물과 같은 작용을 한다.

매우수(梅雨水) 5월의 빗물을 가리키며 성질이 차고 맛이 달며 독이 없다. 눈을 맑게 하고 마음을 진정시키는 데 좋고 어린이의 열과 목마름병을 없애 준다.

옥류수(屋霤水) 지붕 위에 물을 뿌려 처마 밑에서 받은 물을 말한다. 옥류수로 개에 물린 상처를 씻고 옥류수에 젖은 흙을 개에 물린 상처에 바르면 바로 차도가 있다. 그러나 독이 많이 섞여 있으니 마시면 안 된다.

모옥의 누수(茅屋의 漏水)　초가 지붕에서 흘러내린 물을 말한다. 운모(雲母. 널빤지나 비늘 모양의 규산광물)의 독을 없애므로 운모를 갤 때 쓴다.

옥정수(玉井水)　옥이 묻힌 산골에서 흐르는 물로 성질이 유순하고 맛이 달며 독이 없다. 오랫동안 먹으면 몸이 윤택하고 부드러워지며 모발이 검어진다.

벽해수(碧海水)　바닷물을 말한다. 성질이 약간 따뜻하고 맛이

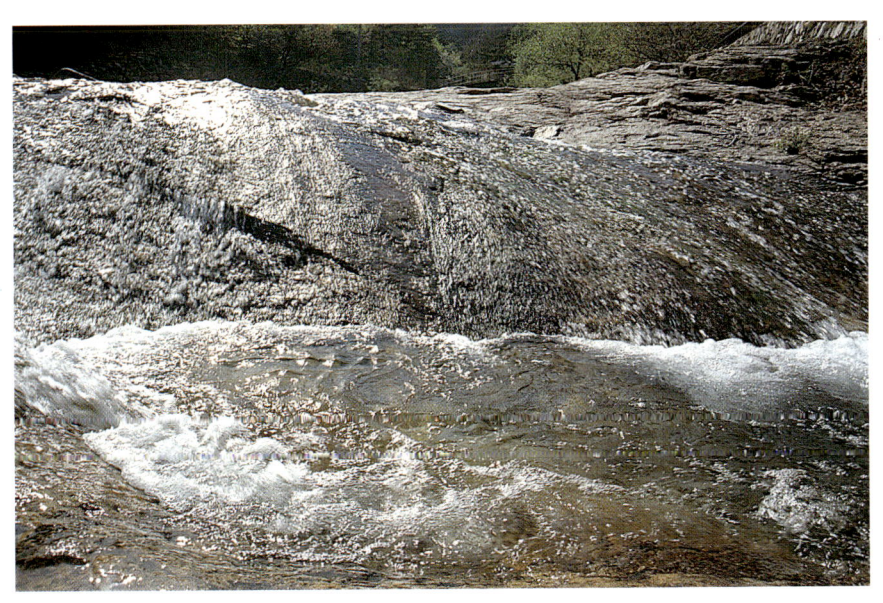

오색약수터가 있는 주전골의 맑은 계류　오색약수터는 설악산의 아름다운 계곡 가운데 하나인 주전골의 입구로 설악산 등반의 주요 길목이다.

짜며 독이 조금 있다. 끓여서 목욕하면 가려움증과 옴을 낫게 하고 한 홉을 마시면 체하여 헛배부른 것을 토하게 한다. 큰바다 가운데 맛이 짜고 색이 푸른 것을 쓴다.

반천하수(半天河水) 대울타리 끝과 높은 나무의 구멍에 고인 빗물로 성질이 약간 찬 편이며 맛이 달고 독이 없다. 마음병과 귀신들려 앓는 병을 다스리고 귀신에 홀려 헛소리하는 것을 없앤다.

감란수(甘爛水) 냉수를 저어서 뜨는 물이다. 곽란(霍亂)을 다스리고 방광에 들어가서 장과 경련으로 인한 복통을 다스린다. 물 한 말쯤을 동이 속에 넣고 국자로 수백 번 저어 흔들어대면 물 위에 구슬 방울이 무수히 뜨는데 그것을 떠서 쓴다.

순류수(順流水) 조용히 흐르는 물로 성질이 순하고 아래쪽으로 조용히 흐르므로 방광병을 다스리고 통변을 돕는다.

급류수(急流水) 물결이 뛰놀고 급하게 흐르는 물을 말한다. 그 성질이 급하게 밑으로 내려가므로 대변의 통변을 원활하게 한다.

역류수(逆流水) 파도를 일으키며 맴돌기를 많이 한 물을 말한다. 그 성질이 거칠고 거스르며 뒤집혀 흐르는 것이므로 가래를 많이 뱉는 증상에 약으로 쓴다.

천리수(千里水) 멀리서 흘러온 강물을 말한다. 성질이 유순하고 맛이 달며 독이 없다. 병후 허약을 다스리는 데 쓰이며 무수히 저어 약을 다리면 잡귀의 침범을 막을 수 있다. 큰비가 지나간 뒤의 강물은 산골의 뱀과 벌레 등 뭇 생물의 독이 따라 내려오므로 잘못 마시면 중독되는 수가 있으니 주의한다.

온천(溫泉) 따뜻한 물을 말한다. 모든 풍과 근육과 뼈의 경련, 피부의 버짐, 수족의 불수(不隨) 그리고 풍 맞은 사람과 옴 환자 등을 주로 치료하는데, 온천수로 목욕을 하고 나면 허하고 피곤해지므로 약과 음식으로 보해야 한다. 성질이 뜨겁고 독이 있으니 마시는 것은 피한다. 옴과 종기·부스럼 환자는 포식한 후 목욕을 하는데 이때 땀이 흐르면 물에서 나오기를 열흘쯤 계속하면 모든 종기가 다 낫는다. 끓는 유황물은 모든 종기류의 피부병과 풍랭(風冷)을 다스린다.

냉천(冷泉) 차가운 물을 말한다. 편두통과 등이 차가운 병. 울화. 오한 등의 증세는 이 물로 목욕하면 잘 낫는다. 냉천의 밑에는 백반이 있어 물맛이 시고 떫고 차다. 7. 8월경에 목욕하되 밤에 하면 반드시 죽는다.

지장수(地獎水) 황토를 파서 구덩이를 만들고 물을 그 속에 부어서 젓고 흔들어 혼탁하게 한 다음 한참 지난 뒤에 위쪽의 맑은 물을 뜬 것이다. 성질이 차고 독이 없으므로 중독되어 번민하는 것을 풀고 그 밖의 모든 독을 풀어 준다. 산중의 독한 버섯에 중독되면 반드시 죽고 또 단풍나무의 버섯을 먹으면 웃음을 그치지 못하고 죽는데 오직 이 물을 마셔야 낫고 다른 약으로는 구하지 못한다.

요수(遙水) 산골짜기 인적이 없는 곳에서 새 흙의 구덩이 속에 괸 물인데 비위를 고르고 식욕을 돋운다. 다른 말로 무근수(無根水)라고도 부른다.

장수(獎水) 좁쌀죽을 끓인 뒤 그 위에 뜬 맑은 물을 말한다. 성질이 미온하고 맛이 달고 시며 무독하다. 갈증을 멈추고 곽란과 설사를 다스린다.

생숙탕(生熟湯) 끓는 물 반 대접에 새로 길은 물 반 대접을 탄 것을 말한다. 맛이 짜고 무독하니 볶은 소금을 넣어서 한두 뇌 마시면 제한 것과 독기 있는 음식물을 토해내고 곽란기를 낫게 한다.

열탕(熱湯) 끓인 물을 말하며 성질이 순하고 맛이 달며 독이 없다. 곽란으로 근육이 뒤틀리는 증세를 다스리는 데 효험이 있다. 이 물은 많이 끓일수록 좋고 만약 반만 끓여서 마시면 창증(배가 부어오르는 증세)에 걸릴 위험에 있다.

마비탕(麻沸湯) 푸른 삼베나무 잎을 달인 물이다. 기가 여리고 허열을 빼내기 때문에 소갈증을 다스린다.

증기수(甑氣水) 시루뚜껑에 맺힌 물을 말한다. 이 물로 머리를 감으면 모발이 검어지고 윤기가 난다.

조사탕(繰絲湯) 누에고치를 달인 물로 뱀독을 다스리며 살충력이 있다. 끓인 탕을 마시되 고치 껍질 실을 달여 먹어도 효과가 있다.

동기(銅器)에 오른 김 구리 밥그릇에 밥을 담고 뚜껑을 덮어 두면 뚜껑에 맺혀 떨어지는 물을 말하며 그 밥을 먹으면 악성 종기, 부스럼, 등창 등이 생긴다.

취탕(炊湯) 묵은 숭늉을 말한다. 하룻밤 지난 것으로 얼굴을 씻으면 안색이 없어지고 몸을 씻으면 버짐이 생긴다.

약수로 불리는 광천수

약수의 개념

해빙기가 되면 이 땅은 매우 부산해진다. 물을 찾으러 다니는 사람들 때문인데 이들이 찾는 물은 고로쇠물이다. 고로쇠물이란 고로쇠나무에서 나오는 수액으로 특히 백운산, 지리산, 덕유산 등지의 고로쇠물은 맛이 있고 각종 위장병을 말끔히 치료하는 데 효과가 있다고 한다.

그러나 엄밀히 따지자면 이것은 오래 전부터 불러오던 '약수'의 개념과는 거리가 있다. 약수란 약효가 있는 샘물을 가리키는 말이기 때문이다. 마찬가지로 도시인들은 땅에서 뽑아 올린 지하수를 쉽게 약수라 부르고 동네 뒷산의 석간수도 약수라고 하지만 이런 물들은 역시 생수라는 말이 더 어울린다.

이렇게 우리의 약수에 대한 개념이 흐트러진 까닭은 상수도원이 오염되면서 무공해 지하수나 생수를 마시는 것만으로도 '약효가 있는 것처럼' 느껴지기 때문이다. 사실 깊은 산에서 나는 맑은 샘물 등도 병을 고치는 등의 신비한 효능을 가질 수 있기 때문에 '약수'로 불릴 자격이 있는 것도 있다. 하지만 이 책에서는 '땅속에서 솟아나는 샘물로 가스

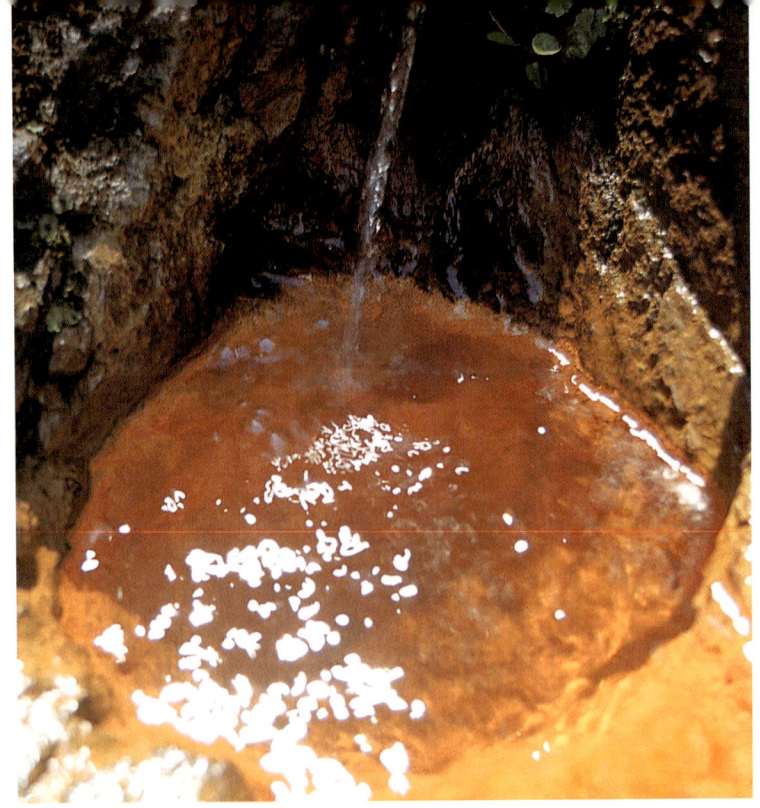

불바라기약수 구멍 약수에는 각종 광물질이 포함되어 있다. 그래서 그 성분에 따라 약수의 독특한 맛과 색이 결정된다. 위의 불바라기약수는 철 성분이 강하여 주변의 돌이 붉게 변하였다.

나 고형 물질을 대량으로 함유한 광천수'만을 약수라 부르기로 하겠다.

광천수는 두 종류가 있는데 그 물의 근원이 섭씨 25도 이상인 것을 온천, 그 이하를 냉천이라고 한다. 하지만 보통 냉천만을 광천수라고 하는 경우가 많아 여기서도 그것을 주로 이야기하겠다.

약수에는 탄산가스·산소·철분·칼슘·칼륨·라듐·나트륨·불소·무기물 등 각종 광물질이 포함되어 있어 함유된 성분에 따라 독특한 맛을 낸다. 또 사이다처럼 작은 거품이 일어나며 혀끝을 톡 쏘는 듯한 자극이 있을 수도 있다.

우리는 대부분의 물에서 광천수와 샘물을 따지지 않고 혼용하여 약수라고 쓰고 있다. 진정한 의미의 약수로 그 성분과 성질을 가지고 있는 물들 곧 광천수는 얼마 되지 않는다. 광천수만을 엄선해 보면 그 수는 그다지 많지 않다.

약수의 성분

약수에는 각종 미네랄 성분이 함유되어 있는데 미네랄이란 무기질 영양 물질인 광물질을 말한다. 신체에 미네랄이 부족하면 건강이 나빠지고 병이 생기는데, 인체 구성에서 3.5퍼센트밖에 되지 않는 이것이 생명 현상에 작용하는 역할은 매우 크다는 사실이 최근 밝혀지고 있다. 따라서 의학자들은 앞으로 미네랄이 새로운 의학의 길잡이가 될 것이라고 말한다. 경이로운 21세기를 여는 열쇠라고 보는 것이다.

오늘날은 화학 농법으로 말미암아 토양의 미네랄 사이클의 붕괴가 심각하다. 토양의 미네랄 사이클은 가축의 분뇨 등 유기질 비료에 의해 유지되는데 요즘은 지저분하고 냄새나는 거름보다는 깨끗하고 구하기 쉬운 화학 비료를 선호한다. 따라서 유기질이 부족한 토양에서 농산물을 생산하게 되고 그럼으로써 그 농산물은 미네랄이 결핍되어 있을 수밖에 없다. 미네랄 사이클이 차단된 토양에서 생산된 농산물을 먹은 현대인의 몸에 미네랄이 부족하게 되는 것은 당연한 일로 현대인의 성인병 역시 대부분 미네랄의 부족에서 온다.

미네랄은 유기성 미네랄과 무기성 미네랄로 나뉜다. 공기·흙·물 등에 함유된 미네랄은 대부분 사람이나 동물이 흡수할 수 없는 무기 미네랄이고, 식물이나 동물에 함유된 미네랄은 사람이 소화 흡수할 수 있는 유기 미네랄이다.

또한 미네랄은 다량(多量) 원소와 미량(微量) 원소로 나뉘는데 다량 원소는 칼슘·인·칼륨·유황·나트륨·염소·마그네슘 등이며 이들 원소는 인체 구성의 3퍼센트 가량을 차지한다. 미량 원소는 철·망간·동·요오드·아연·몰리브덴·불소·크롬·비소 등으로 인체 구성의 0.5퍼센트 가량을 차지한다.

다량 원소

칼슘(Calcium:Ca)　체내에서 가장 풍부한 양이온으로 체중의 1.5 내지 2퍼센트를 차지하며 성장중인 사람의 골격을 성숙시키는 중요한 구성 요소이다. 뼈와 치아의 형성, 혈액의 응고, 신경근의 흥분, 신경 자극 전달, 세포막의 유지와 기능, 효소 반응의 활성화 및 호르몬 분비 등의 기능을 담당하고 있다. 칼슘의 부족은 뼈와 치아의 부전증, 골연화증, 골다공증, 경직증 등의 원인이 된다.

인(Phosphorus:P)　성인 남자의 체내에는 700그램 정도가 있는데 85퍼센트가 골격에 있다. 수많은 효소의 시스템 보조 인자로 작용하며 당질, 지방질과 단백질 대사에 필수적이다. 인은 체내의 칼슘 효용에 관여하며 인이 부족하면 신진대사가 원활하지 못하고 뼈가 약해지며 발육 부진, 구루병 등에 걸리기 쉽다.

마그네슘(Magnesium:Mg)　성인 남자 체내에는 20 내지 28그램 쯤의 마그네슘이 있으며 뼈와 근육에 많이 존재한다. 세포 내의 삼투압이나 산·알칼리 균형, 체온 조절, 근육의 자극, 감수성을 높이는 작용 등을 하며 비타민과 칼슘 흡수에 도움을 주고 의학적으로도 여러 가지 치료와 예방 등에 생리적 범위가 넓은 영양소이다. 결핍되었을 때는 발육 부진·쇠약·극도의 과민증·근육통·경련·경기·협심증·심근경색·신부전 등이, 과다 섭취하면 네프로제·부신 기능 저하·요족증·황달·정신 장애 등이 나타난다.

나트륨(Sodium : Na)과 칼륨(Potassium : K) 체내에서 수소 이온과 교환이 가능한 염기를 형성하여 산·알칼리의 평형을 유지하며 혈압과 단백질 대사, 세포 내외의 삼투압 유지에 크게 관여하고 있다. 나트륨은 세포 외액 가운데, 칼륨은 세포 내액에 월등히 많이 존재하며 그 분포는 항상 일정하게 유지된다. 또 칼륨은 해당(解糖) 과정을 촉진시키는 반면 나트륨은 억제하는 것으로 알려져 있다.

나트륨이 부족하면 다뇨(多尿)와 설사·요산증·에디슨병 등에 걸리기 쉽고 넘치면 뇌가 손상되며 쿠싱병에 걸린다. 또 칼륨이 결핍되면 설사·구토·요산증·쿠싱병 등에, 과잉되면 조직이 손상되고 신부전에 걸리기 쉽다.

미량 원소

철(Iron : Fe) 대부분의 철분은 혈색소의 형태로 혈액 내에 존재한다. 적혈구의 주성분인 헤모글로빈에 포함되어 있는 철분은 폐에서 산소와 결합하여 산소-헤모글로빈이 되어 신진대사를 유지하는 생리 작용을 한다. 성장기·사춘기·임산부의 경우에는 철분이 부족하면 영양성 빈혈이 생길 수 있으므로 특히 유의해야 한다.

아연(Zinc : Zn) 신체 모든 조직에 존재하며 특히 눈 조직의 조리개와 망막에 많은 양이 있다. 최근 연구에서는 단백질과 핵산의 합성뿐만 아니라 세포 분열과 분화 과정에도 필수적이라는 사실이 밝혀지고 있다.

인슐린의 생리적 기능을 높여 수고 면역 능력을 증진시키는 작용을 하며, 부족하면 단백질의 합성을 막아 뇌의 발달을 저해하고 식욕 부진과 정신의 이상 증세를 유발시키는 원인이 된다. 또한 아연의 결핍이 성장 장애와 성기능 장애를 일으키기 때문에 아연을 섹스 미네랄이라고도 부른다.

요오드(Iodine:I)   호르몬의 성분으로 신진대사를 조절하고 성장기의 발육을 촉진하는 중요한 미네랄이다. 하루 필요량은 적지만 결핍되면 갑상선종이나 갑상선 기능 저하로 빈혈이나 저혈압, 맥박의 느림, 비만 등의 병이 오고 암을 유발하기 쉽다는 보고도 있다.

구리(Copper:Cu)   대부분의 동식물에게 구리는 구성 영양소인 동시에 필수 영양소로서 정상 성인은 100 내지 150그램의 구리를 함유하고 있다.

동물체에서는 헤모글로빈의 합성, 골격과 탄성 조직의 성장, 중추신경의 기능이나 멜라닌 색소 형성에 관여하며 부족하면 혈장 농도와 철분 및 헤모글로빈 합성의 감소로 조혈 작용의 장애, 빈혈, 골격의 무기질 분해, 성장 부진, 심장 순환계의 장애 등이 생긴다.

망간(Mangnese:Mn)   포유동물의 조직에 광범위하게 분포되어 있으며 특히 골격·뇌하수체·간 송과체(松課體)·유선 등에 그 농도가 높다. 인체의 성장, 요소의 형성과 지방질의 방출, 에너지 방출에도 필수적인 존재이다. 부족하면 성장 부진, 골격 이상, 생식 능력 저하 등의 원인이 된다고 추정되고 있다.

셀레늄(Selenium:Se)   최근에 주목받기 시작한 셀레늄은 일반적으로 장에서 흡수되어 주로 단백질과 결합하여 이동한 다음 머리카락, 골격, 적혈구 등의 신체 조직으로 들어가고 신장을 통해 배설된다. 또한 암의 발생과 전이를 억제하고 각종 성인병에 효력이 있고 부족하면 성인병과 노화를 촉진시킨다고 한다.

게르마늄(Germanium:Ge)   반도체 산업에 널리 이용되다가 실리콘에 그 자리를 양보하고 있는데 최근 다시 의학적 관심을 끌게 되었다. 혈액에서 페하(pH)를 정상으로 유지시키고 콜레스테롤을 배출하는 작용을 하는데 인체에서의 게르마늄 작용이 아직 확실하지 않아 앞으로의 연구가 주목된다.

이 밖에도 코발트(Co), 불소(F), 니켈(Ni), 카드뮴(Cd), 몰리브덴(Mo), 실리콘(Si), 크롬(Cr), 주석(Sn), 바나듐(V), 스트론튬(Sr) 등 각종 초미량의 원소가 각기 특수한 생화학적 기능을 가지고 인체의 대사 기능에 일정한 역할을 하는 것으로 알려져 있다.

약수의 쓰임

약수의 효능

세계 각지에도 약수가 있지만 불교와 한의학의 영향을 많이 받은 우리 민족은 다른 민족보다 약수에 대한 관심이 상상을 초월할 정도로 높다. 뿐만 아니라 약수의 효능에 대해서도 무모하다시피 과신하는 경향이 있다.

약수의 효능 가운데에는 소화 불량, 위장병의 치유 효과가 가장 널리 알려져 있다. 다음으로 피부병, 신경통, 안질, 빈혈, 부인병 등에 약효가 있다고 전하며 심지어는 마시면 머리가 좋아진다는 약수도 있다. 또한 나병에 효과를 보았다는 내용이 전설에 가장 많다.

이런 이야기들은 대부분 약수로 효과를 본 사람들이나 약수터 주변의 주민들에 의해 소문으로 퍼진 것이지만 약수터 주민들이 사람들을 더 끌어들이기 위해 장삿속으로 약효를 과장되게 선전하는 경우도 있다. 아쉽게도 아직 약수의 약효는 과학적으로 증명되지 않았다. 따라서 스스로 함유된 성분에 따라 증세에 적절한 효험 여부를 충분히 확인한 뒤 약수를 선택하는 것이 현명하다.

한편 약수터에는 부정한 사람이 나타나면 커다란 구렁이가 나타나서 물을 흐트린다는 이야기가 퍼져 있는 곳이 많다. 이것은 약수의 약효를 믿는 피부병 환자들이 많이 몰리는 것을 막기 위해서였다고 한다.

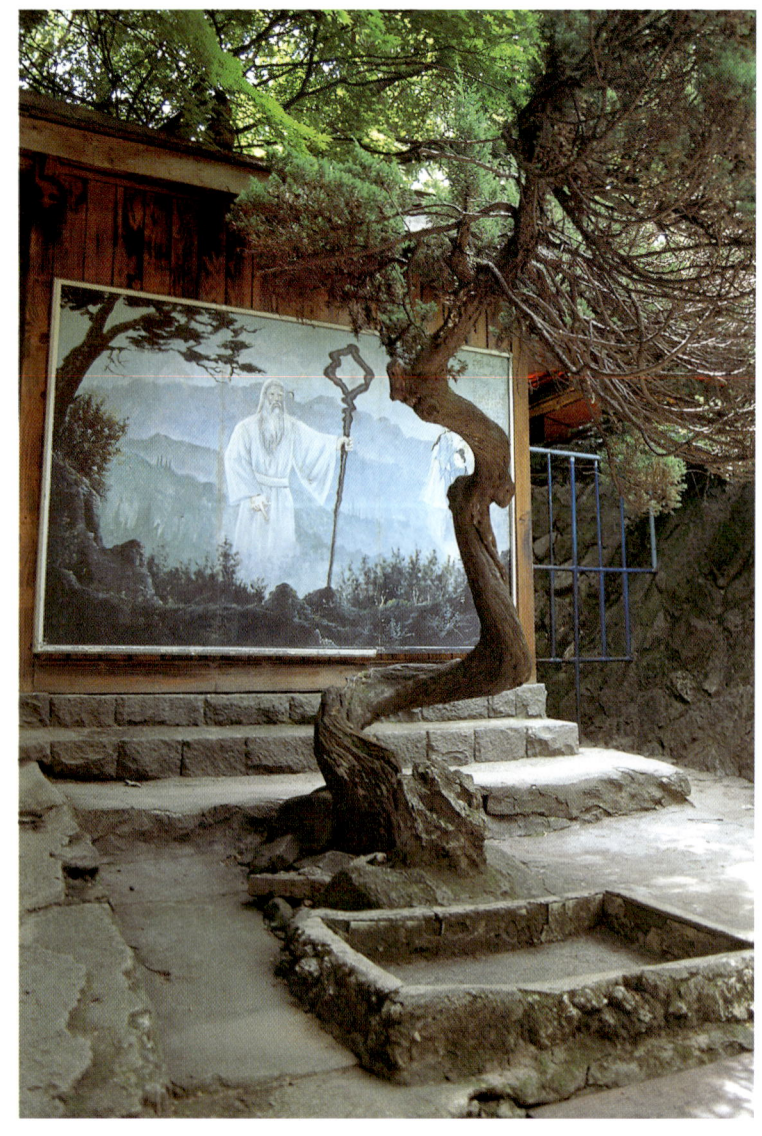

명암약수터 산신각 약수의 영험을 높이기 위해 산신령 신앙과 결부시켜 약수를 미화하고 과장하려는 경향을 알 수 있다.

실제로 과거에 이름났던 몇 군데의 약수터가 나병 환자가 많이 몰려 이를 꺼려한 마을 사람들에 의해 파묻힌 경우도 있다. 또 약수의 영험을 높이기 위한 선전으로 신선, 용, 선녀, 거북, 두꺼비 등의 동물이나 도교, 불교 등의 종교를 약수와 관련지어 미화시키고 과장하려는 경향도 보인다.

약수가 다리[橋]를 건너면 약효가 없어진다는 말이 있다. 이는 약수는 그 자리에서 먹어야 효과가 나타난다는 말이다. 그래서 어떤 사람들은 병의 치료를 위해 약수터 근처의 민박집이나 여관에 자리를 잡고 지내기도 한다. 숙박 시설이 마땅치 않은 곳에서는 천막을 치고서 몇 개월간 야영하는 사람들도 적지 않다.

약수 이용법

약수를 이용하는 데 정도가 있는 것은 아니지만 많은 사람들이 옳다고 생각하는 음용법은 있다. 우선 마실 때는 약수의 성분을 고려하여 공복시, 만복시, 식전, 식후, 식간 가운데 어느 때 마시는 것이 적당한가를 판별한다. 약수터 둘레의 주민들이나 약효를 본 이들은 대개 '약수는 천천히 적게 마시다가 점차 양과 횟수를 늘려나가는 것'이 적당한 음용 방법이라고 한다.

또 그들은 입에 약수를 머금고 씹듯이 마시라고 권한다. 약수로 입안을 헹군 다음 씹듯이 넘기면 구강 빈혈이나 풍치에 효과가 있다고 한다. 약수를 마실 때 오징어나 엿 등을 곁들이기도 하는데 약수를 많이 마셔도 물리지 않기 위한 방편이다.

마시는 것말고 요리를 할 때도 약수를 쓴다. 닭, 오리, 꿩, 멧돼지, 노루, 뱀 등의 동물이나 약초를 넣어 탕으로 끓이기도 있다. 이 가운데 제일 흔한 것이 닭백숙이다. 웬만한 약수터 근처에는 닭백숙을 전문으로 하는 식당이 즐비하다.

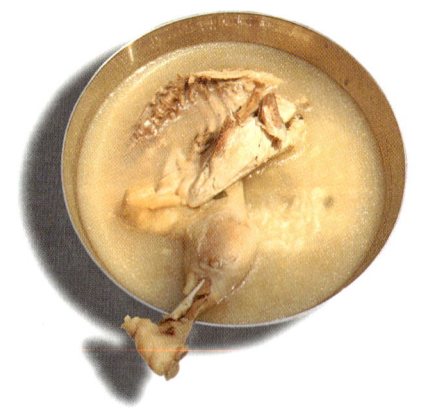

달기약수로 만든 닭백숙 약수는 그냥 마시는 것말고 요리할 때도 쓴다. 가장 흔한 것이 닭백숙으로 웬만한 약수터 근처에는 전문적으로 하는 식당이 있다.

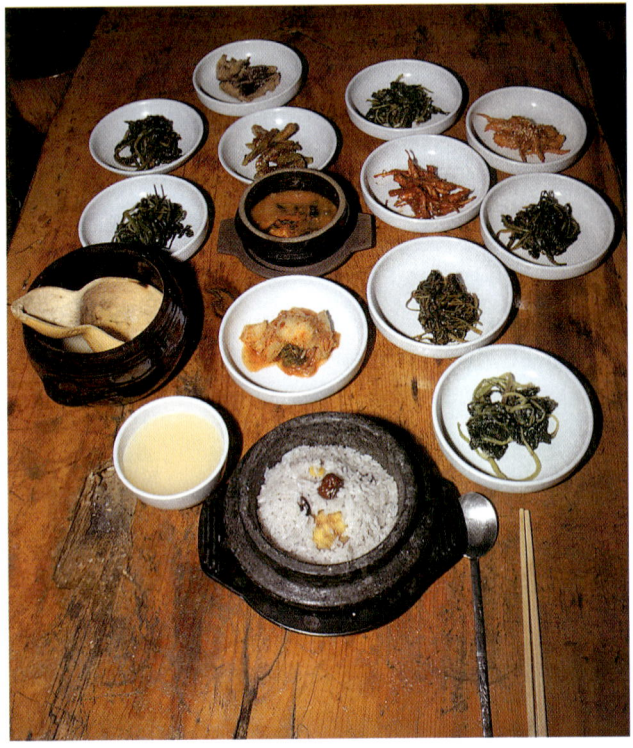

방아다리약수로 만든 백반 약수로 한 밥은 흰 쌀밥보다 더 고소하고 쫄깃쫄깃하며 약수로 담근 막걸리는 그 맛과 향이 독특하다.

약수로 요리한 백숙은 일반 샘물로 끓인 백숙보다 고소하고 담백하다. 그래서 이 백숙을 한 번 맛본 뒤 그 맛을 잊지 못해 해마다 휴가 때 백숙으로 유명한 약수터를 찾아다니는 수객(水客)들도 있다. 특히 달기약수, 삼봉약수, 갈천약수 닭백숙이 유명하다.

약수로 밥을 짓기도 하는데 약물 성분이 강하면 강할수록 밥에 푸른 기운이 돈다. 약수로 한 밥은 그냥 물로 한 밥보다 더 고소하고 쫄깃쫄깃한 맛이 있다.

또 술을 담글 때에도 약수를 쓰는데 다른 약수터보다 강원도 방아다리약수터 근처에서 만든 막걸리는 그 맛과 향이 아주 독특하여 찾는 이가 많다고 하며 한 잔만으로도 취할 정도로 독하다.

약수를 마실 때의 주의점

'오염된 물은 절대로 마시지 마라'는 철칙을 잊지 않아야 한다. 과거에 아무리 약효가 좋았다고 해도 오염된 약수는 입도 대지 않는 것이 좋다. 요즈음에는 약수터에 오염되었다는 경고 표지판이 붙어 있는 데도 꽤 된다.

만약 주의를 하였는데도 병균에 감염되어 열이 나고 복통이 날 때에는 바로 전문의에게 치료를 받아야 한다. 면역성이 떨어지는 어린이들일수록 병균에 감염될 확률이 높다. 약수를 마시고 감염되면 발열과 복통의 증상이 가장 흔한데 특히 흐르지 않고 고여 있는 약수는 이러한 병균에 노출되기 쉽다.

한편 약수를 부정하는 학자들은 '약수는 독수(毒水)'라고까지 주장한다. 그들의 주장에 따르면 약수에 철분, 마그네슘, 칼슘 등의 미네랄이 많은 것을 마치 자랑처럼 떠드는데 이런 무기물은 불용성이라 식물만이 흡수할 수 있다는 것이다. 그러므로 과다 섭취하면 인체의 신장, 동맥, 혈액 등에 축적되어 심각한 질환을 일으킬 수 있다는 것이다.

그들은 미네랄을 얻기 위해서라면 차라리 유기 미네랄이 함유된 사과 한 개, 멸치 한 마리를 먹는 게 더 빠르고 나은 길이라고 주장한다.

약수를 먹는 시기

수객들이 물을 찾아 나서기에 가장 좋은 계절은 봄과 가을이다. 이때는 강수량이 적어 약수의 효능과 맛에 치명적인 잡수가 섞이지 않을 확률이 높다. 또 이 계절은 나들이하기에도 가장 좋은 때이므로 도회지에서 벗어나 약수와 더불어 자연의 품속에서 즐길 수 있다는 이점도 있다.

봄날 산자락에 다투어 피어나는 진달래, 벚꽃, 철쭉 같은 꽃들을 감

미천계곡의 가을 수객들이 물을 찾아 나서기에 좋은 계절은 봄과 가을로, 약수의 효능과 맛에 치명적인 잡수가 섞이지 않을 확률이 높고 산천의 아름다움을 감상하기도 좋다.

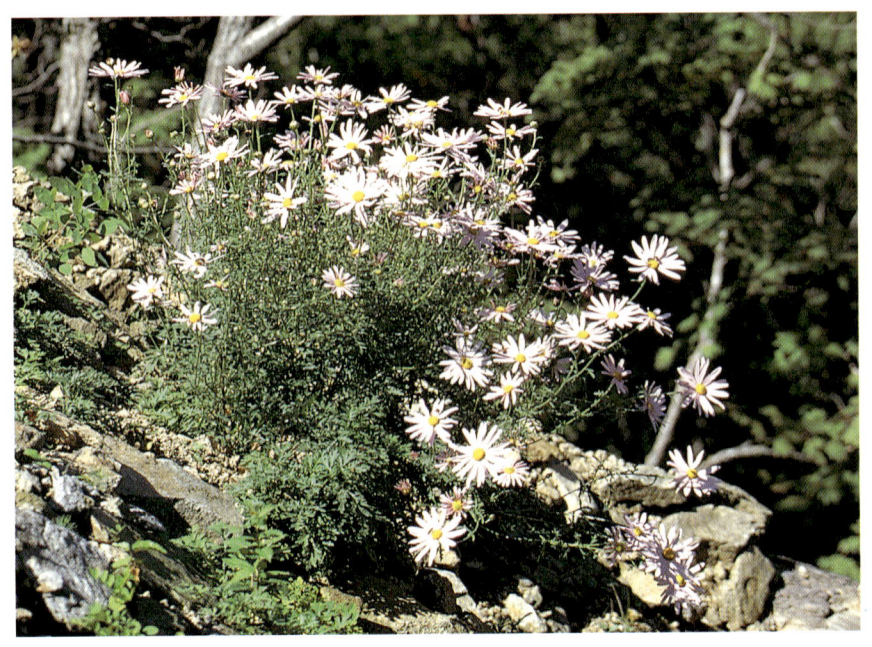

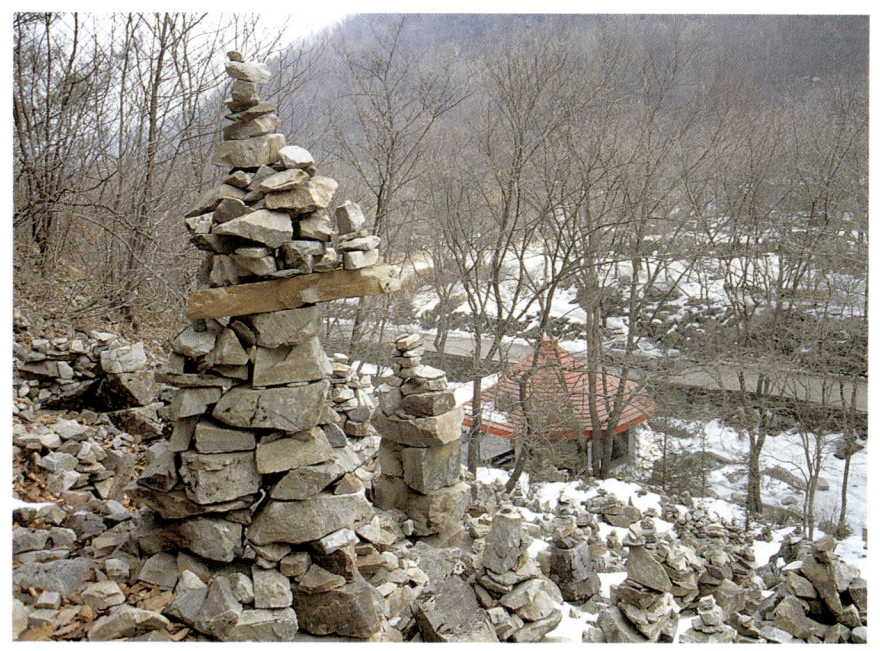

화암약수터의 겨울 겨울 약수터는 찾는 이가 적지만 등산 장비까지 챙겨 약수를 찾을 정
도로 겨울 약수에 매혹된 사람들도 있다.

상하며 약수를 찾는 '상춘객'이라면 우리 땅의 아름다움을 다시 한 번
느끼는 계기가 될 것이다.

　가을 또한 봄에 뒤지지 않는데 강원도 지역의 약수는 특히 '메밀꽃
필 무렵'이 가장 좋나고 경험 많은 수객들은 말한다. 이효석의 소설이
주는 감동을 되새기면서 약수를 찾는 것도 좋겠다.

　이렇듯 봄과 가을의 약수가 좋기도 하지만 골수 수객들은 여름과 겨
울, 그 가운데서도 특히 '겨울 약수'에 매혹된 사람들이 많다. 이들은
하얀 눈이 내리는 겨울이 오면 등산 장비까지 챙겨 약수를 찾아간다.
인적 없는 깊은 산속에 저 홀로 눈을 이고 있는 약수를 보면 자연이 보

여 주는 태고의 신비로움 같은 것을 느낀다는 것이다. 또 이때는 유명
약수터를 빼놓고는 인적이 거의 없어 적막 강산의 아름다움을 혼자서
만끽하며 풍월주인이 될 수 있다.

한국의 약수

우리가 약수라고 부르는 것들은 광천수와 샘물을 통틀어 말하는 것이다. 그러나 엄격하게 따져서 약수라는 것은 광천수만을 의미하기 때문에 여기서는 광천수만을 말하고 있다.

우리나라에서는 강원도와 경상북도, 충청도의 몇몇 지역에서만 광천수가 나는데 지형상 백두대간이 놓여진 곳이다. 이는 백두대간의 산줄기에서 약수가 발원한다는 의미와 같다. 그 가운데 20여 곳을 찾아 그 약효와 찾아가는 길, 볼 거리 등을 상세하게 알려 주고자 한다.

오색약수

설악산, 오대산 등 백두대간의 늠름한 산봉우리들이 즐비한 강원도는 남한에서 빼어난 풍광을 지닌 관광의 보고이다. 남한 제일의 명승지를 거느렸고 약수 또한 우리나라에서 빠지라면 서러워할 정도로 많이 품고 있는 지방이다.

그런 강원도의 남설악 점봉산 자락에 있는 오색약수는 나라에서 가장 인기 있는 설악산 자락에 있어 그 덕을 많이 보았다. 설악산이나 점봉산을 찾는 사람들은 한 번은 꼭 들렀다 갈 정도로 인기가 있다.

이 약수는 조선 중엽에 오색석사의 한 승려가 발견하였다고 하며 수소이온 농도가 6.6pH로 상당히 센 알칼리성이며 칼슘, 마그네슘, 철, 나트륨이 골고루 포함되어 위장병이나 신경 쇠약, 피부병, 신경통 같은데에 좋다고 한다. 약수에 가재나 지렁이를 넣으면 얼마 안 되어 죽을 정도로 살충력이 뛰어난 것으로 알려져 있으며 이 약수로 밥을 지으면 푸르스름한 빛깔이 도는데 용출량이 적어 물통을 들고 떠가는 것을 막고 있어 약수밥맛을 보기는 조금 어렵다. 평일에 인적이 드물 때 가면 어느 정도 물을 받아갈 수 있다.

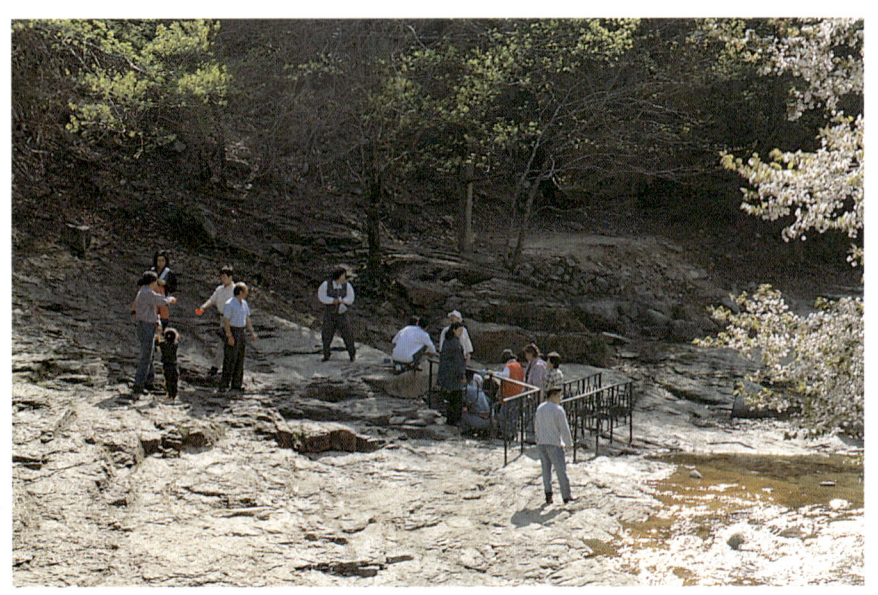

오색약수 알칼리성으로 위장병, 신경 쇠약, 피부병, 신경통 등에 좋은 오색약수에는 구멍이 모두 세 개인데 물가 너른 암반에 있는 약수를 가장 많이 찾는다.

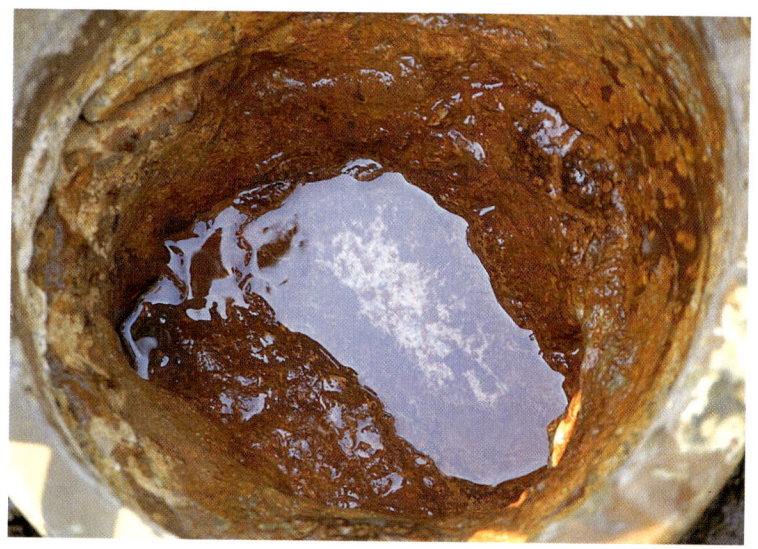

오색약수 구멍 특유의 향과 톡 쏘는 맛은 예전에 비해 많이 떨어졌다. 약수의 여러 가지 성분 가운데서도 철분 때문에 주위의 색이 붉다.

예전에는 20리터들이 물통에 약수를 받는 데 20 내지 30분이면 충분 하였으나 요즘에는 1시간 30분쯤 걸린다. 또 특유의 향과 톡 쏘는 맛 도 예전에 비해 많이 떨어졌다. 주민들은 약수맛과 용출량이 급감한 것 은 오색집단시설 내 호텔의 탄산온천 개발 때문이라고 주장하는데 양 양군과 설악산관리사무소에 원인 규명을 요구하였지만 과학적 규명을 위해서는 약수터를 굴착해야 하는 까닭에 수맥이 완전히 끊길 우려가 있어 미뤄지고 있는 형편이다.

약수가 나오는 구멍은 모두 세 개인데 매표소를 지나자마자 계류에 걸린 약수교를 건너 물가 너른 암반에 있는 두 개의 약수가 일반인들이 가장 많이 찾는 약수이다. 대부분의 수객들은 수량이 부족한 이곳에서 한참씩 기다려가며 물을 마신다.

이곳에서 상류로 1킬로미터쯤 가면 약수 나오는 구멍이 하나 더 있다. 하류에 있는 두 개의 약수와는 달리 수객들의 발걸음이 뜸하고 약수를 안내하는 팻말이 없어 걸음품팔기에 바쁜 등산객은 흔히 그냥 지나친다. 또한 주전골과 온정골이 합류하는 지점, 곧 성국사를 통과해 첫번째 만나는 철다리를 지나면서 발 아래 암반을 보면 약수에 함유된 철분 때문에 붉게 산화된 자국을 볼 수 있다. 아랫물보다 맛이 약한 감이 있다.

찾아가는 길

오색약수는 강원도 양양군 서면 약수리에 있다. 인제에서 44번 국도를 따라 한계령 고갯마루를 넘어가면 약수리 남설악집단시설지구가 나오는데 여기서 점봉산 주전골 등산로를 따라 오르면 매표소 지나자마자 오색약수가 보인다.

워낙 유명한 곳이라 한계령만 넘으면 쉽게 찾을 수 있다. 집단시설지구에서 약수터까지는 천천히 걸어도 10분이 채 안 걸린다.

오색약수 수질 분석표(단위 PPM)	
수소 8.3	중탄산 1889
규산 68.8	나트륨 1940
염소 17.9	칼륨 170
황산기 72	칼슘 18.5
망간 0.2	온도 7.5
철 7.8	증발 잔유물 2012
마그네슘 3.3	pH 6.5
불소 1.3	

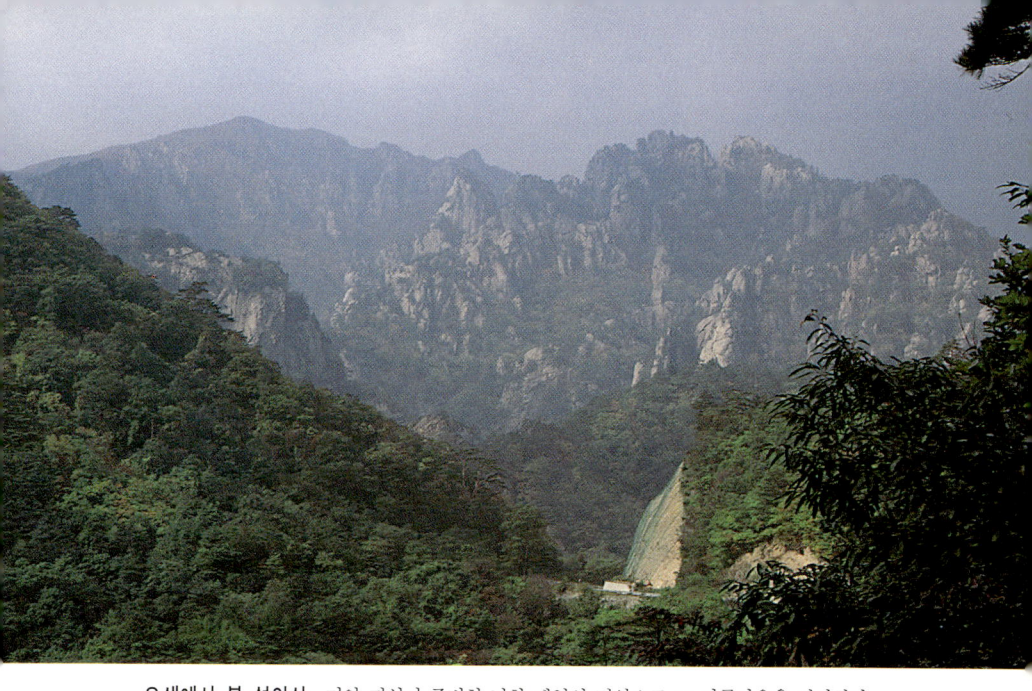

오색에서 본 설악산 기암 괴석이 즐비한 남한 제일의 명산으로 그 아름다움을 자랑한다.

볼 거리

설악산 두말이 필요 없는 인기 있는 산이다. 크기는 한라산과 지리산에 못미치지만 그 빼어난 아름다움으로 많은 사람을 불러들인다. 예로부터 신성하고 숭고한 산이라는 뜻에서 '설산' 또는 '설봉산'이라고 불렀는데 『동국여지승람(東國輿地勝覽)』에는 "한가위에 내리기 시작한 눈이 하지에 이르러서야 녹기 때문에 설악이라 한다"는 기록이 있다.

주릉인 백두대간의 공룡능선을 경계로 서쪽을 내설악, 동쪽 바닷가 쪽을 외설악이라 한다. 내설악에는 백담, 수렴동, 가야동, 12선녀탕 등의 빼어난 계곡이 있고 외설악에는 장군봉, 범봉, 천화대 등의 기골이 장대한 봉우리들이 위치한다. 대청봉으로 오르는 길은 여러 코스가 있지만 천불동으로 오르는 길과 오색에서 오르는 길이 가장 인기 있다.

오색온천 오색약수 근처의 오색온천은 해발 약 600미터에 위치하며 우리나라에서 가장 높은 곳에 있는 온천이다. 상류 쪽 오색약수에서 온정골을 따라 2킬로미터쯤 올라간 지점에 있다. 알칼리성이며 섭씨 25도의 단순천으로 유황 성분이 많아 피부병, 신경통, 빈혈, 무좀, 버짐, 습진, 비듬, 신경 쇠약, 정력 부족, 부인병 등에 특효가 있다.

이 온천이 언제 처음으로 발견되었는지는 정확하게 전하는 애기가 없다. 오색석사에 있던 승려가 발견하였다고도 하며 일제시대에 일본인 포수가 발견하였다고도 한다.

예전엔 그냥 계곡에 방치되어 있다가 일제 때 일본인이 '고려온천'이란 이름으로 운영하였다. 하지만 온천 개발 당시 시추(試錐) 공사를 하다 실수하는 바람에 지하수가 스며들어 수온이 낮아진 데다가 온정골 깊숙이 있어 찾는 이도 별로 없고 시설 또한 보잘것없었다. 그러다가 1980년대 초 오색지구 개발 계획에 의해 이전의 시설을 철거하고 현재의 약수리관광지구로 옮기며 새롭게 단장하였다.

성국사 옥녀폭포가 있는 가는고래골 갈림길을 지나 큰고래골 쪽으로 300미터쯤 거슬러 오르면 계곡이 한 굽이 크게 휘돌며 맑은 담(潭)이 있는 곳에 성국사가 있다. 이 절은 옛날 승려로 가장한 범법자들이 사사로이 엽전을 만들다 들켜 절이 폐사되었다는 전설을 갖고 있다.

폐사였던 곳에 십수년 전 당우를 짓고 인법당(因法堂)이라 이름하며 성국사를 창건하였는데 최근 그걸 허물고 '오색석사 복원 공사'라는 이름으로 정면 5칸, 측면 5칸, 폭 2칸의 당우 개축 공사를 한다. 경내에는 석사자와 대석, 기단석 같은 탑재들이 흩어져 있어 공사가 한창임을 알 수 있다.

오색석사 오색석사는 계곡 아래 오색리라는 마을 이름을 얻게 된 연유를 간직하고 있는 절이다. 전설에는 이 절의 후원에 다섯 가지 색의 꽃이 피는 나무가 있어 오색사라 하였다고 한다. 그러나 실제로는 다섯 가지 색깔의 꽃이 피는 나무는 없으므로 불교에서 청·황·적·

백·흑 등의 다섯 가지 색을 정색(正色)으로 삼고 있는 데서 절 이름이 유래되었다고 추정하기도 한다. 원래 대웅전 동서에 두 개의 탑이 있었으나 동탑은 허물어져 파편들만 남아 있다. 오색리 삼층석탑이라 불리는 서탑은 1968년 복원되어 보물 제497호로 지정되었다. 이 절은 우리나라 선문 9산(禪門九山)의 제일문인 가지산파(伽智山派) 제1조인 도의 선사(道義禪師)가 창건하였다고 전한다.

필례약수

점봉산 서쪽 산자락에 있는 필례약수는 1930년경 이 지방 출신의 어떤 사람이 발견하였다고 하는데 철분이 많고 위장병과 피부병에 효과

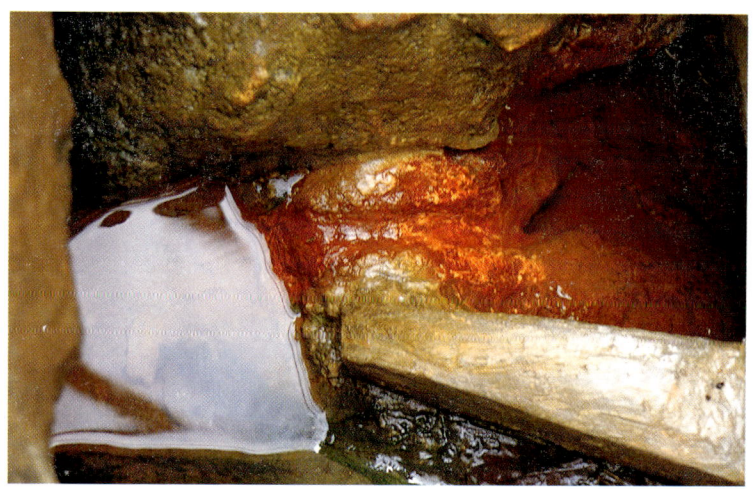

필례약수 구멍 약수가 나오는 구멍이 두 개인데 그 사이를 보기 흉한 시멘트로 가로막아 놓았다.

가 있다고 알려졌다. 특히 무좀과 비듬에 효과가 있어 많은 사람들이 찾아온다.

필례약수는 부르는 이름이 여럿이다. 필례약수, 필예약수, 필레약수 등이 있는데 흔히 필례약수라 한다. 이는 주변 지형이 베 짜는 여자인 필녀(匹女)의 형국이라는 데서 유래하였다. 「대동여지도」에는 이 고갯길을 필노령이라 하였다. 『인제군지(麟蹄郡誌)』에 따르면 필례약수가 있는 개울가에 서낭당이 있었다고 하는데 지금은 아름드리 당목(堂木)만이 빈터를 지키고 있다. 약수를 찾아 나선 수객들이 이곳에서 치성을 드리기도 한다. 약수터 부근에는 경사진 암벽을 흘러내리는 폭포와 그에 어우러진 췸소(작은 연못)가 있다.

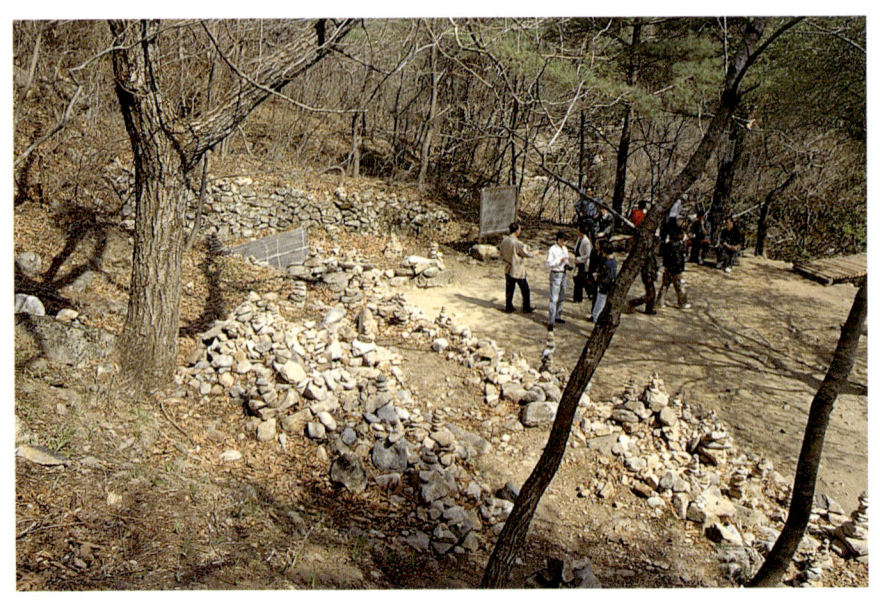

필례약수터 주변 원래는 서낭당이 있었다고 하는데 지금은 그 흔적인 돌탑들만 수객들의 발길을 끌며 자리하고 있다.

찾아가는 길

필례약수는 강원도 인제군 인제읍 귀둔리 126번지에 있다. 한계령 고갯마루에서 44번 국도를 따라 양양 쪽으로 700미터쯤 내려오면 현리로 들어가는 451번 지방도로가 있는 삼거리가 있는데 여기서 우회전을 하여 5킬로미터쯤 내려가 오른쪽으로 계곡가에 이 약수가 있다. 최근 한계령에서 귀둔까지의 도로가 포장되면서 찾아가기가 수월해졌다.

볼 거리

점봉산 인제군 인제읍 귀둔리와 기린면 진동리 및 양양군 서면 사이에 위치한 점봉산은 부드러운 육산과 날카로운 암봉이 조화를 이루어 등산객들의 발길을 끄는 산이다. 점봉산과 설악산 사이 1,004미터의 한계령 고갯마루에는 설악루가 있다.

콘크리트 108계단을 밟고 설악루에 오르면 동해의 푸른 물결과 점봉산의 만물상, 칠형제봉 같은 기암 절경의 풍치를 감상할 수 있다. 그 봉우리 사이로 굽이굽이 돌아 흐르는 계곡은 뛰어난 풍광과 재미있는 전설로 수객을 유혹한다.

우리나라의 아름다운 계곡에는 선녀가 내려왔다는 이야기가 곳곳에 있다. 하지만 '선녀와 나무꾼'의 이야기처럼 서사 구조를 지닌 게 아니고 대부분은 경치가 아름다운 곳에 그냥 선녀가 내려와 목욕하고 놀다 갔다는 식이다. 오색약수와 필례약수가 있는 점봉산의 계곡에도 선녀 이야기가 전하는데 '선녀와 나무꾼' 같지는 않지만 인근의 폭포나 암봉들과 연결되는 재미있는 전설이 있다.

옛날 병풍바위 밑 선녀탕에서 일곱 선녀가 옷을 벗고 목욕을 하는데 몰래 뒤따라온 선관(仙官)이 그 가운데 가장 미모가 빼어난 두 선녀의 옷을 감췄다. 옷을 잃어버린 두 선녀는 알몸으로 옷을 찾으러

다녔다. 한 선녀는 흘림골 쪽으로 옷을 찾으러 계곡을 기어오르다 그
대로 여신폭포가 되었고, 가는고래골 쪽으로 옷을 찾으러 간 다른 선
녀는 기진맥진해 계곡에 앉아 쉬다가 그대로 옥녀폭포가 되었다.

한편 옷을 훔쳤던 선관은 선녀들이 폭포로 변한 걸 모르고 설악산
대청봉을 향해 땅을 휘집고 오르다 힘에 겨워 그곳에서 굳어 버렸는
데 이것이 독주계곡과 독주폭포가 되었다고 한다. 그때 선관이 들고
있던 선녀의 옷은 흘러흘러 치마폭포와 속치마폭포가 되었고 오색리
의 탕건바위와 감투바위는 선관의 것이라 한다.

선인들은 자연의 생김새에서 참 재미있는 발상을 하기도 한다.

방동약수

방동리 비탈길 옆 계곡에 방동약수가 있다. 300년 묵은 엄나무 아래
반석을 쌓아 놓은 듯한 암석 속에서 탄산, 철, 불소, 망간 등이 주성분
인 약수가 솟아오른다.

조선 현종 때인 1670년의 일이다. 한 심마니가 산삼을 캐려는 일
념으로 오랜 세월 산속을 헤맸지만 번번이 허탕만 쳤다. 그러던 어느
날 밤 꿈에 백발노인이 나타나 "나는 산신령이다. 정직한 너에게 산
삼을 캐게 하고 또 약물도 주겠다. 세상에 널리 알려라"고 말하고는
연기같이 사라졌다. 꿈에서 깨어난 심마니는 그 길로 산속으로 들어
갔는데 갑자기 한 동자가 나타나 손짓을 하였다. 그래서 그곳으로 가
보았더니 동자는 간데없고 그 자리에 수백 년 묵은 산삼이 있었다.
심마니가 산삼을 캐자 그 자리에서 약물이 솟아오르기 시작하였다.

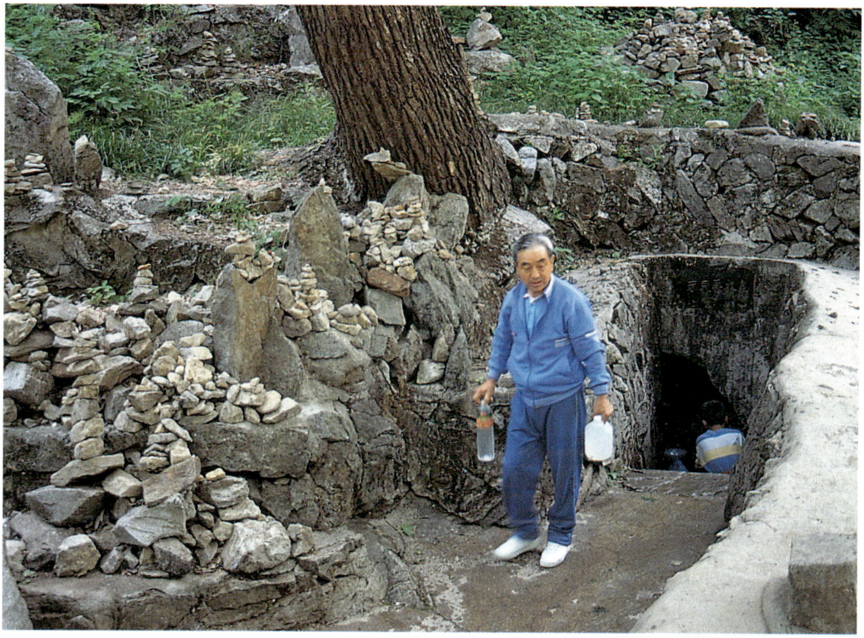

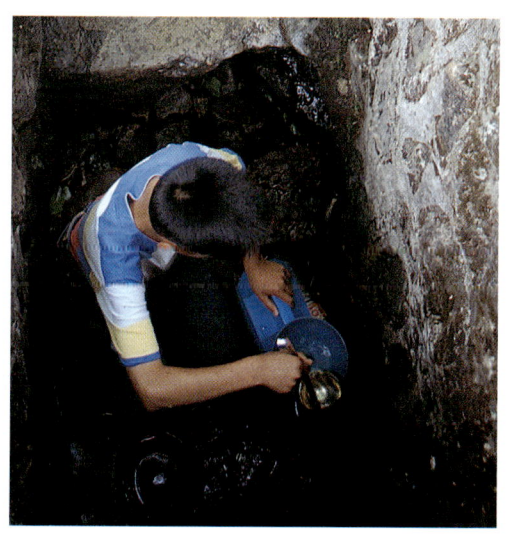

방동약수 300년 묵은 엄나무 아래 암석 속에서 약수가 솟아오른다. (위)

약수 구멍 계단을 내려가야 물이 흘러나오는 구멍이 있는데 이약수는 탄산, 철, 불소, 망간 등이 주성분이다. (오른쪽)

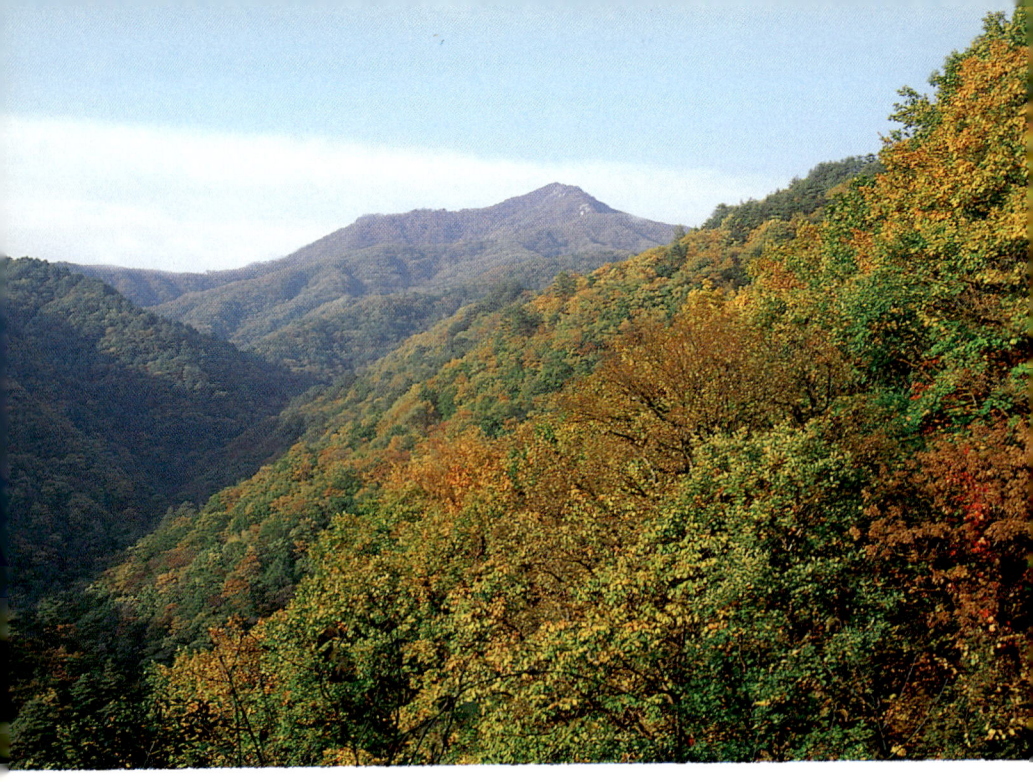

개인산 설악산에서 남쪽으로 뻗어 내려가던 백두대간이 오대산에 이르기 전, 갈전곡봉에 이르러 서쪽으로 펼쳐 놓은 산이다.

약수터 주변은 계곡이 울창하고 특히 바람이 불 때마다 주변의 아름드리 나무에서 낙엽이 흩날리는 모습이 인상적이다. 방태천 맑은 물과 어울려 한여름 나기에 좋은 곳이다.

약수터 아래쪽에는 민박집이 여럿 있어 숙식 문제에 대해 크게 걱정하지 않고 자연을 즐길 수 있다.

찾아가는 길

방동약수는 강원도 인제군 기린면 방동리에 있다. 얼마 전에 방동약수터 바로 아래까지 포장이 되어서 접근이 수월해졌다. 31번 국도의 인제군 현리에서 진동을 향해 방태천을 거슬러 오른다. 8.8킬로미터쯤 가면 방동삼거리인데, 여기서 453번 지방도를 따라 조경동 쪽으로 우회전하여 1.6킬로미터만 가면 방동약수이다.

볼거리

개인산(방태산) 설악산에서 남쪽으로 뻗어 내려가던 백두대간이 오대산에 이르기 전, 갈전곡봉에 이르러 서쪽으로 펼쳐 놓은 산이다.

개인산은 입구는 좁으나 안은 넓은 형세인데 그 계곡에 있는 살둔, 달둔, 월둔, 아침가리, 명지거리, 적가리, 곁가리, 연가리의 3둔 5갈은 예로부터 흉년, 전염병, 전쟁을 피할 수 있는 명당으로 알려졌다. 그런 만큼 아직은 인적이 드물다. 그러나 한 번 가본 이는 남에게 알리지 않고 살짝 다시 찾을 만큼 정감이 간다. '한국의 유토피아'라는 말을 듣기도 하는 이곳은 그 말이 과장은 아니라는 생각이 절로 드는 곳이다.

개인약수

단순히 물만 탐하는 게 아니고 주변의 아름다운 풍광도 즐길 요량이라면 개인약수는 어디에 내놓아도 빠지지 않는다.

약수는 하탕과 상탕 두 곳인데 상탕이 원탕이지만 하탕에서 더 많이 나온다. 약한 철분내와 입안을 감도는 단맛으로 몇 모금 들이켜도 역겨운 맛이 없는 정수(淸水)로 낭뇨병에 특효가 있다고 한다.

개인약수는 1891년 함경북도 출신의 지덕삼이라는 포수가 백두대간을 넘나들며 수렵 생활을 하다가 발견하였다고 한다. 전설에 따르면 원래 현재 있는 약수터 위에 '장군약수'라는 약수가 하나 더 있었다고 한다. 그런데 그 약수는 양쪽 겨드랑이 밑에 용비늘이 세 개씩 붙어 있는 아기장수가 혼자 마시고는 아무도 찾지 못하게 큰 바위로 덮어 버렸다

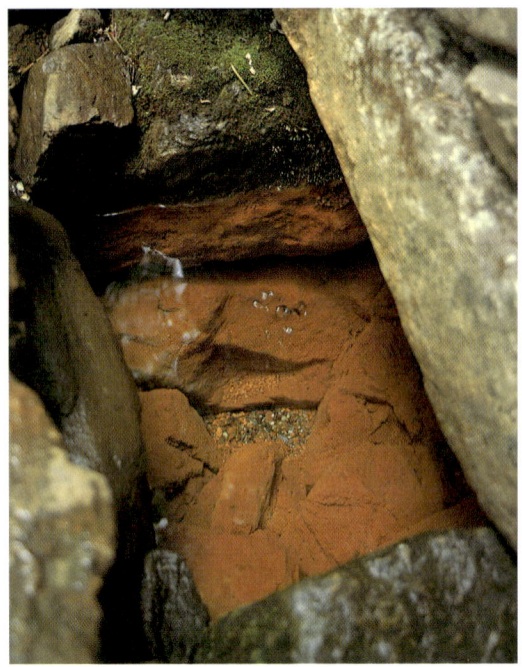

는 것이다. 이 아기장수는 역적이 되어 멸문지화를 당할 것을 두려워
한 부모의 손에 살해당하였다는 전설이 지금까지 전해지고 있다. 현재
미산리 빈지동에는 아기장수가 살았다는 집터와 아기장수가 쌓았다는
돌담이 남아 있다.

약수터 둘레에는 수객들이 무병장수를 빌며 쌓아 놓은 돌탑이 수도
없이 늘어서 있으며 심마니들이 산신제를 올리는 제단도 있다. 이것들
은 약수터 앞으로 흐르는 맑은 계류와 어울려 무속적인 분위기를 절로
자아낸다.

또 이 약수를 정안수로 올려놓고 기도하면 신이 잘 내리기 때문에 무
속인들이 여기에서 신을 많이 받아 간다고 한다. 웬만하면 3일 정도에

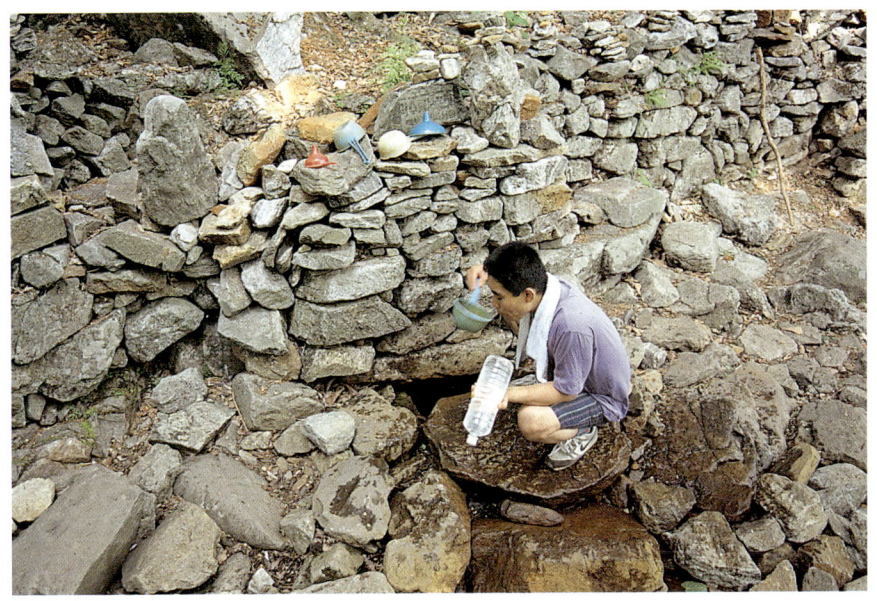

개인약수터 주변 수객들이 무병장수를 기원한 돌탑들이 많이 산재해 있고 실제로 효험을 본 사람들이 많다고 한다.

신이 내리는데 약수터 뒤로 에두른 산줄기가 우리나라 백두대간의 정기가 흘러들어 모이는 곳이기 때문이란다. 지금은 터만 남았지만 수십년 전에는 약수터 위쪽에 '용궁사'라는 절이 있었고 그 절의 산신당에는 약수로 병을 고친 수객들이 남긴 현판이 여러 개 붙어 있었으며 일제시대에는 약수터 주변에 100명쯤의 수객들이 상수하였다. 그들 가운데는 올라올 때는 업혀 왔지만 내려갈 땐 자기 두 발로 내려가는 이들도 많았다고 한다.

약수터 근처에서는 개인산장이 있고 내린천가에는 미산민박, 미산송어어장 등의 민박집이 있어 민박이 가능하다. 또 현리 하남 용포다리 건너편에 있는 매화촌 음식이 별미로 소문났다.

찾아가는 길

　개인약수는 강원도 인제군 상남면 미산리 개인동 1번지에 있다. 인제에서 31번 국도를 따라 남쪽으로 내려가다 상남에서 좌회전하여 446번 지방도로 들어선다. 이 길을 따라 12킬로미터쯤 달려 미산리에 도착하면 내린천을 가로지른 다리가 보인다. 이 다리를 건너 4킬로미터쯤 험한 길을 오르면 차건일 씨가 1979년 들어와 자리를 잡은 개인산장이 있다. 여기에 차를 대놓고 산장을 가로질러 40분쯤 걸어 올라가면 계류가에 약수터가 보인다.

개인약수 수질 분석표(단위 PPM)	
수소 6.5	구리 0.01
이드로탄산 380	나트륨 27.8
염소 1.7	칼륨 3.4
황산기 3.4	칼슘 32.1
망간 0.4	마그네슘 34.0
철 5.1	증발 잔유물 66.8
불소 0.2	이산화탄소 176
규소 60	온도 10

개인산 계곡의 비경

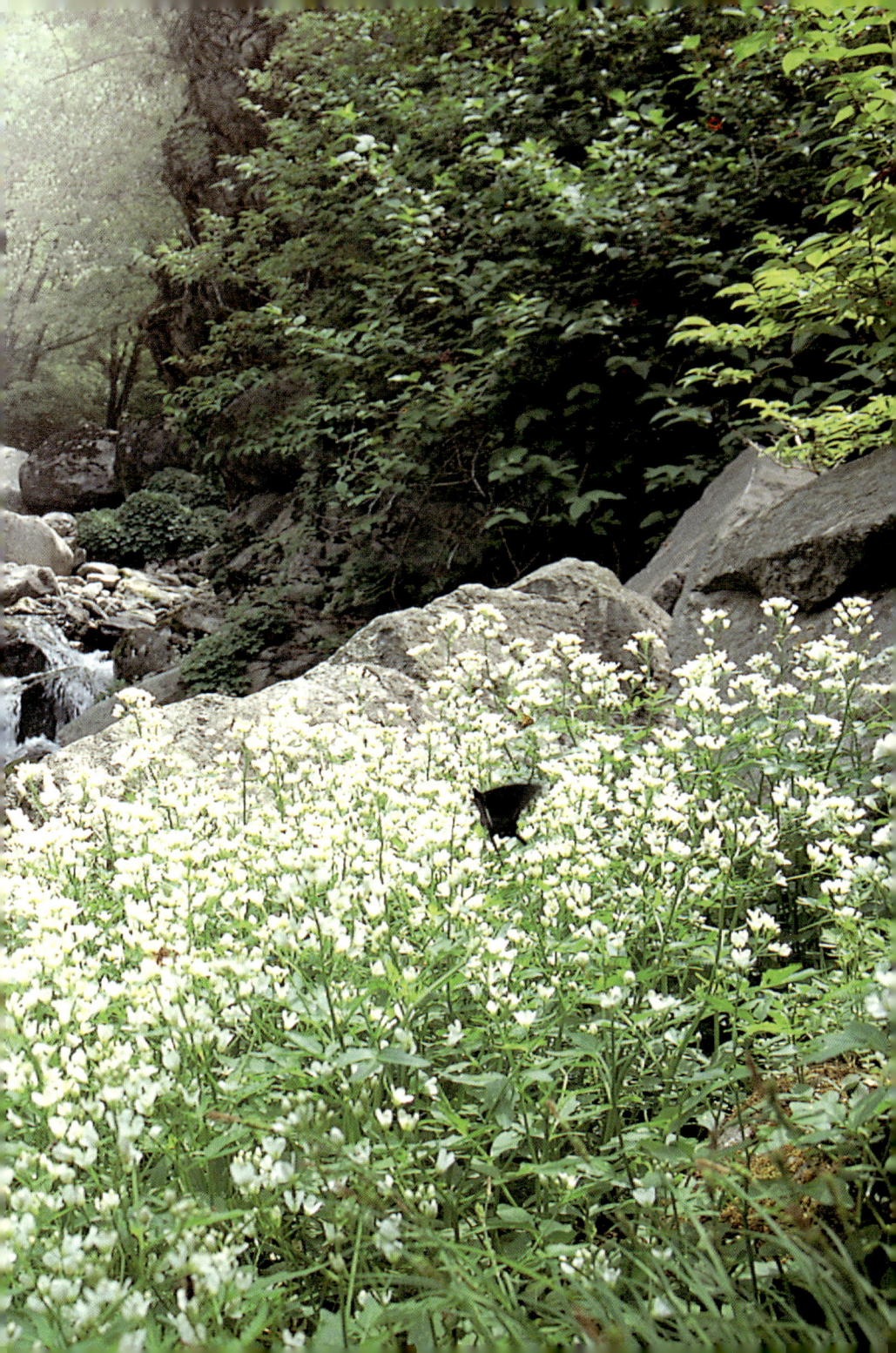

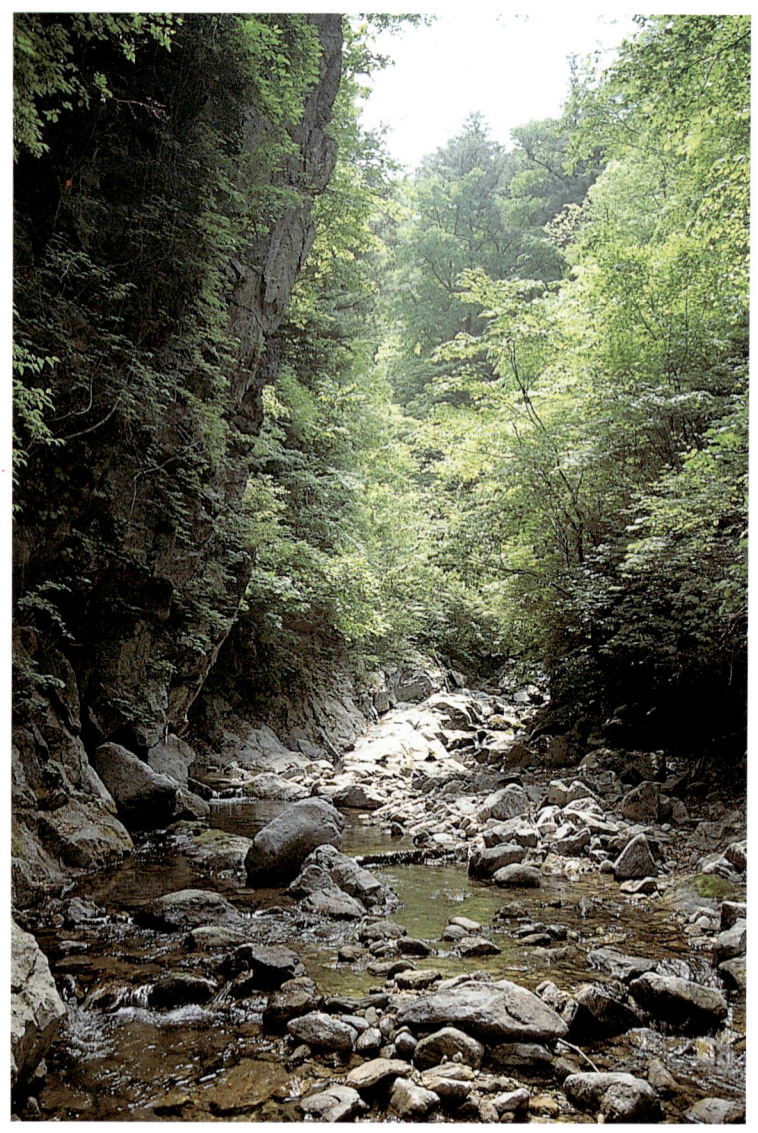

내린천 살아 있는 일급수가 흐르는 큰 강으로 사람의 손이 닿지 않은 듯한 황홀경을 맛볼 수 있다. 맑은 물에서만 사는 물고기의 모습도 볼 수 있는 곳이다.

볼 거리

내린천 개인약수를 찾아가려면 반드시 건너야 되는 내린천은 한여름 맑은 물이 흐르고 아직 살아 있는 일급수가 흐르는 큰 강이다. 요즘은 많이 알려져 수질이 예전만 못하지만 그래도 아직 남한에서는 으뜸자리를 놓지 않는 황홀경을 지니고 있다.

내린천을 건너 개인약수를 찾아가는 산길은 적막 강산 그 자체이다. 내린천으로 흘러드는 그 맑은 계곡에는 사람의 손이 닿지 않은 푸른 이끼와 맑은 물이 있다. 그 고요 속에 들리는 자연의 화음은 반드시 이곳을 다시 찾게 만드는 마력이 있다.

곳곳에 간이 주차장과 유원지, 쉼터 등이 마련되어 있어 물놀이와 고기잡이까지 겸할 수 있다. 여름 한철이면 사람들이 많이 찾지만 아직 호젓한 곳이 많이 남아 있다.

길이 나고 도로 포장 공사를 하기 전 내린천을 따라 걸어본 사람이라면 그 호젓함이 주는 즐거움을 잊을 수 없을 것이다.

삼봉약수(실룬약수)

삼봉약수는 '한국의 명수 100선'에 든 곳이다. 백두대간 갈전곡봉에서 서쪽으로 10리쯤 뻗어 나온 산줄기인 가칠봉과 응복산에서 발원하는 실룬계곡에 있어 실룬약수라고도 불린다. 갈전곡봉, 가칠봉, 응복산이 만나는 곳에 위치하여 산세와 주변 경치도 빼어나다.

삼봉약수의 주성분은 제일철, 탄산, 중탄산이온 등이다. 특히 위장병에 약효가 좋고 신경 쇠약, 피부병, 신장병, 신경통 등에도 효과가 있다고 한다. 약수가 나오는 구멍은 세 개인데 그 맛이 모두 다르다. 맨 아래것이 가장 강한데 처음 먹는 이는 쇳내 때문에 못 먹을 정도다.

처음 발견 당시에는 바위틈에서 졸졸 흘렀는데 물을 받기가 곤란하자 관리하던 사람이 바위틈 아래의 보글거리는 곳에 구멍을 팠다. 그뒤 바위틈에서 나오던 물이 그쳤고 나중에 그 아래에 구멍을 또 하나 파자 위쪽에 있던 약수의 물맛이 약해졌다고 한다.

예로부터 마을 사람들이 이 약수를 마시던 방법은 좀 특이하다. 우선 약수로 입 안을 몇 번 행군 다음 한 모금씩 머금고 씹듯이 넘긴다. 이는 오래 전부터 해온 방법인데 10년 전쯤 수질 검사를 한 결과 풍치나 구강 빈혈 치료에 효과가 있는 적정량의 불소이온이 검출되었다고 한다. 선인들의 지혜를 다시 한 번 느끼게 되는 대목이다.

또 이 약수는 머리칼을 한결 검고 윤나게 한다는 이야기도 있다. 그래서 약수 앞을 흐르는 실룬계곡의 맑은 계류에 머리를 감고 이 약수를

삼봉약수 약수 구멍를 보호하는 약수각이 서 있고, 약수가 나오는 구멍이 세 개인데 그 맛이 모두 다르다.

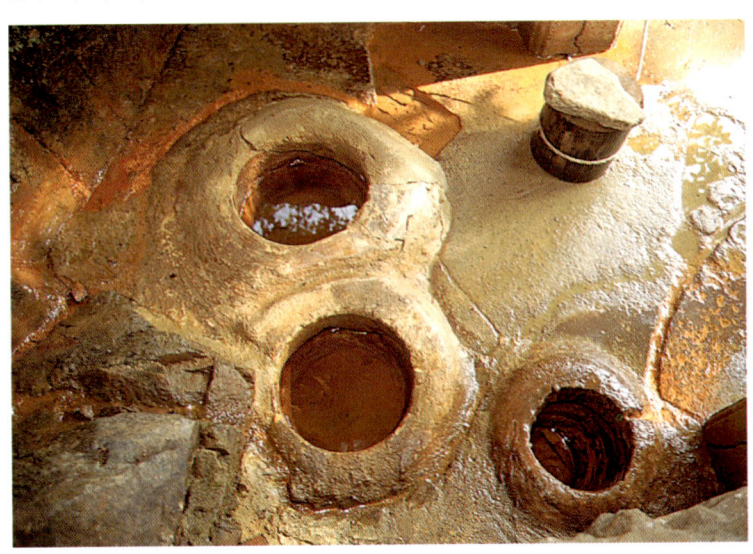

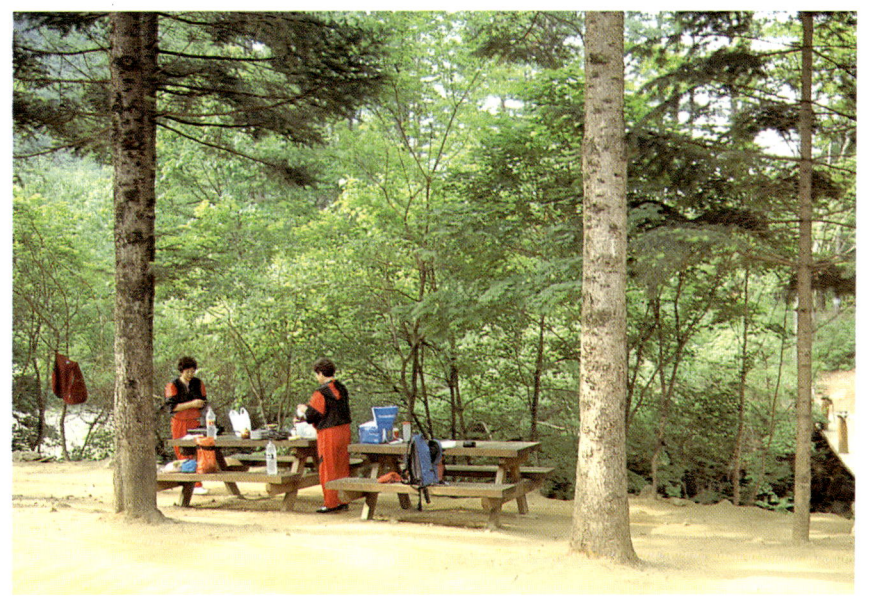

삼봉자연휴양림 약수터 바로 앞에 위치하여 약수와 산림욕을 함께할 수 있기 때문에 일석이조의 효과가 있다.

바르는데 그 모습이 흡사 염색약이나 린스를 바르는 것 같다. 전에는 이 약수를 머리에 두드려 바르고 시원한 바람이 불어오는 그늘에 앉아 바람에 머리를 말리는 여인들을 종종 볼 수 있었다고 한다. 이젠 보기 힘들어진 광경이다.

  삼봉약수는 주변의 전나무, 낙엽송, 소나무 늘이 빼꼭히 들어찬 삼봉자연휴양림 안에 있는 덕분에 천연의 깊고 그윽한 숲을 맛볼 수 있다. 매표소에서 삼봉약수터까지 차를 타고 들어갈 수도 있지만 산림욕도 할 겸 10리쯤 되는 산길을 걸음품을 판 뒤 약수를 마시면 그 효과가 훨씬 높아지지 않을까. 여름철이면 실룬계곡이 흘러드는 내린천 맑은 물에서 피서를 즐길 수도 있다.

약수터 앞에는 삼봉약수산장이 있다. 이 산장에는 약수로 병을 고치려는 사람들과 피서객들로 한여름에는 발 디딜 틈도 없이 붐빈다. 3, 4명이 묵을 수 있는 방 하나에 3만 원, 5 내지 8인용은 4만 원 정도이다. 약수터 입구에는 민박집이 많고 대부분 약수에 삶은 토종닭과 백숙을 판다.

찾아가는 길

삼봉약수는 강원도 홍천군 내면 광원리에 있다. 홍천에서 444번 지방도를 타고 가다 보면 서석이다. 여기에서 56번 국도를 따라 동쪽으로 가면 내면이 나온다. 계속 직진하다 광원삼거리에서 우회전하여 10킬로미터쯤 가면 삼봉자연휴양림 입구를 알리는 간판이 나온다. 좌회전을 하면 바로 휴양림 매표소가 나오고 4킬로미터쯤 올라가면 삼봉약수이다. 1995년 구룡령이 포장되면서 승용차를 이용하는 게 한결 편리해졌고 지금은 453번 지방도도 포장이 완료되었다.

방아다리약수

옛날 이곳에서 뙈밭(화전)을 일구고 살던 아낙네가 바위 한가운데 움푹 팬 곳에 곡식을 넣고 방아를 찧는데 바위가 갈라지면서 약수가 솟아 나왔다.

앞의 전설은 방아다리라는 이름이 나오게 된 유래이다. 또 다른 전설에 의하면 일제시대에 경상북도에 살던 이명호라는 이가 위장병을 고치려고 산천을 헤매다 지쳐서 이곳에 들어와 머슴살이를 하고 있었다. 그러던 어느날, 산신령이 나타나 잔내골에 가면 약수가 있으니 마시라

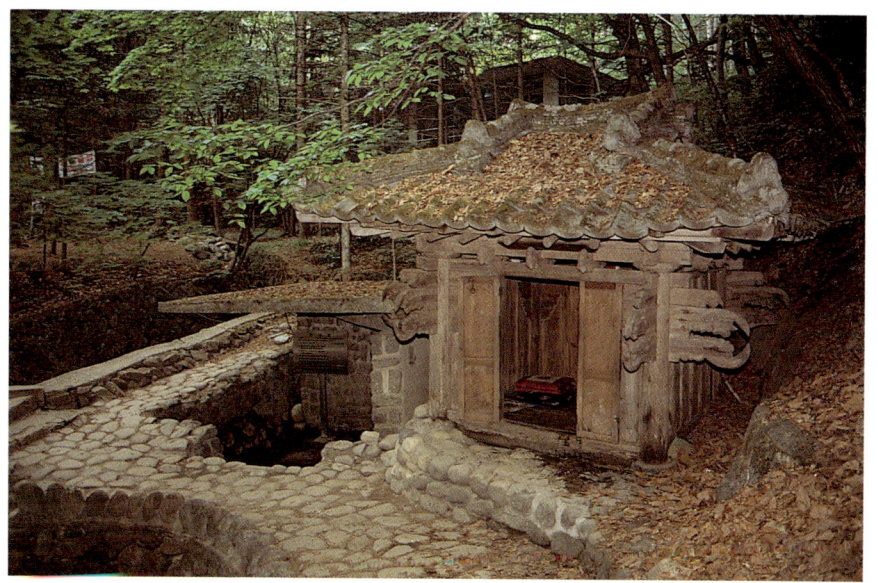

방아다리약수 탄산과 철분이 주성분으로 위장병, 신경통, 피부병에 효험이 있다고 하며, 예전에는 물이 독해 잘 먹지 못할 정도였는데 지금은 많이 약해졌다.

고 하였다. 이씨는 산신령의 요구대로 백일 동안의 비밀을 약속하고 약
수를 마셨다. 결국 그렇게도 못 고치던 그의 위장병이 나았고 이후 세
상에 알려진 것이 1924년쯤이다. 그뒤 1930년쯤 방병국 씨가 부근에
여관을 짓고 병을 고치러 오는 환자들을 수용하였다.

　이때에는 이북의 삼방약수 다음으로 효험이 있다 하여 나라 안에 이
름이 높았다. 그러다 일제시대 말에 황폐화되었나가 8·15광복 후에
황상근이라는 사람이 약수터 위쪽에 여관을 다시 지었다. 이 약수가 요
즘처럼 널리 알려진 것은 1980년대 중반에 방송을 타면서부터이다. 탄
산과 철분이 주성분인 방아다리약수는 위장병, 신경통, 피부병에 효험
이 있다고 한다. 예전에는 물이 워낙 독해 잘 먹지 못할 정도였는데 근

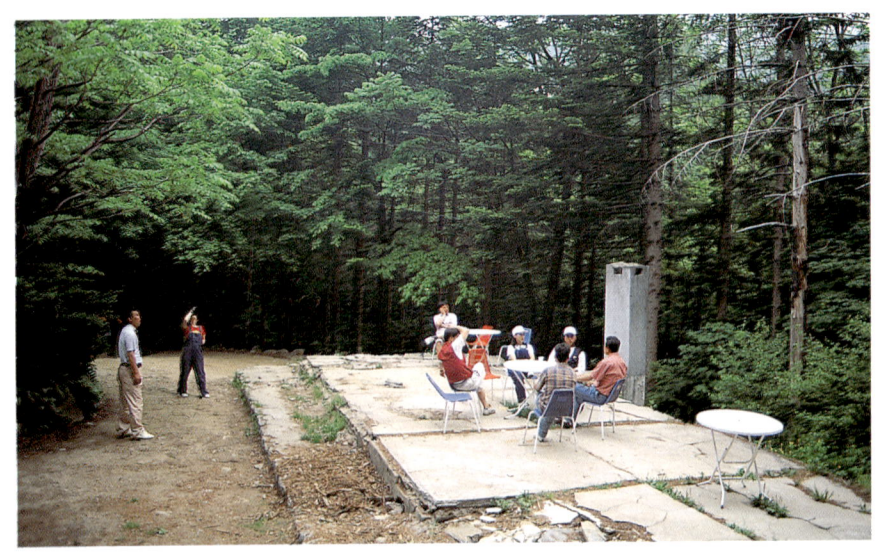

방아다리약수터 나무숲 일송 김익노 씨가 약수터 들머리 약 250만 평에 전나무, 잣나무, 주목 등을 심고 가꿔 울창하다.

래 잡수가 들어오면서 물맛이 많이 약혜져 마을 사람들은 우스갯소리
로 '약수가 어딜 갔나?' 하고 말하곤 한다.

　방아다리약수의 매력은 약수터 들머리에 울창한 전나무, 잣나무, 주
목 등으로 이루어진 나무숲이다. 약수를 중심으로 한 약 250만 평의
나무숲은 일송 김익노 씨(1993년 작고)가 조림하여 가꾼 것이다. 싸한
전나무 향기에 휩싸여 약수터 숲길을 거니노라면 도회지 생활에서 얻
은 근심 걱정은 온데간데없어진다.

　방아다리약수산장에는 지병을 치료하기 위해 장기 투숙하면서 물을
받아 마시는 사람들이 많다. 부근의 식당에서는 산채 된장찌개와 약수
로 한 돌솥밥, 토종닭 같은 것을 판다. 무엇보다 약수로 빚은 막걸리가
일품이다.

찾아가는 길

방아다리약수는 강원도 평창군 진부면 척촌리에 있다. 영동고속도로 상진부인터체인지에서 6번 국도를 따라 월정사 가는 방향으로 길을 잡는다. 1.8킬로미터만에 만나는 가우교삼거리에서 좌회전을 한 다음 3킬로미터쯤 가면 '방아다리 8.5km'라고 씌어진 이정표가 있는 삼거리가 나온다. 이 이정표를 따라 좌회전을 하여 7킬로미터쯤 가면 약수터 주차장이다.

방아다리약수 수질 분석표(단위 mg/l)	
불소 0.4	염소이온 2
질산성질소 0.1	철 12.90
경도 463	망간 0.57
과망간산칼륨소비량 1.1	황산이온 10
pH 5.5	

신약수

'가리골약수'라고도 하는데 발견된 지 얼마 안 되었다고 하여 신약수라 부른다. 방아다리약수와 함께 오대산국립공원 안에 있고 거리도 4킬로미터 정도밖에 떨어져 있지 않다. 그래서인지 물맛과 효능은 방아다리약수와 비슷하다.

약수에는 망간과 불소가 많이 함유되어 있고 특히 안질에 효과가 있어 '안천'이라고도 불린다. 방아다리약수를 찾는 길에 함께 들르기 좋은 위치에 있다.

예전에는 교통이 불편하고 도로 포장도 안 되어 있어 찾기가 어려웠

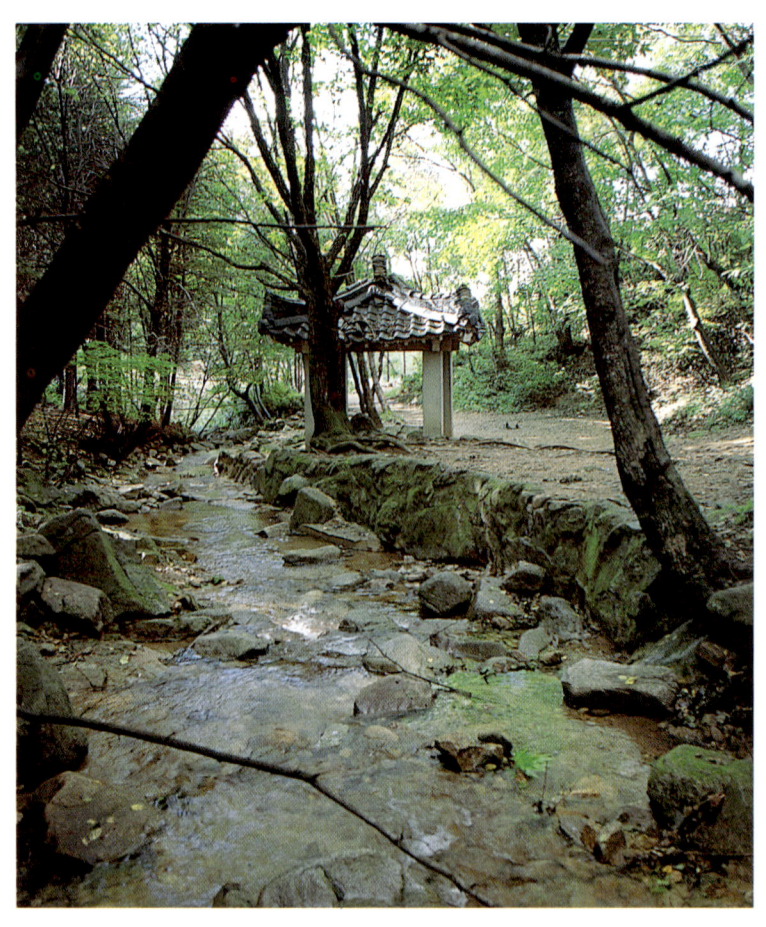

신약수 '가리골약수'라고도 하는데 발견된 지 얼마 안 되었다고 하여 신약수라 부른다. 오대산국립공원 안에 있고 방아다리약수와 거리가 가까워 물맛과 효능이 비슷하다.

지만 최근 사람들이 많이 찾아들면서 길도 넓히고 포장도 하고 있다. 최근의 이러한 개발 덕분에 주변 시설이 잘 되어 편리하다.

운두령 넘어가는 길을 따라 흐르는 목골재계곡에서는 아직 때가 덜 탄 시골 마을의 풍경을 감상할 수 있고 도중에는 이승복반공유적지가 있다.

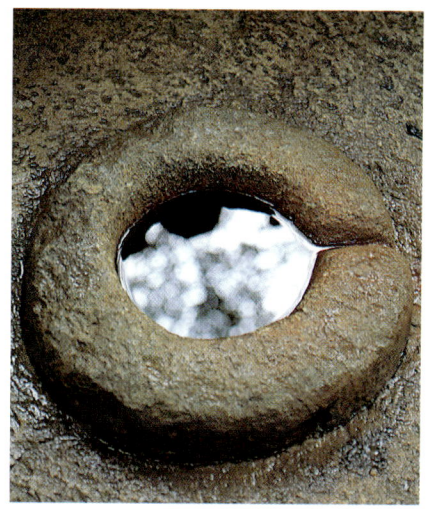

신약수 구멍 망간과 불소가 많이 함유되어 있고 특히 안질에 효과가 있다.

찾아가는 길

신약수는 강원도 평창군 용평면 속사리에 있다. 영동고속도로 속사인터체인지에서 31번 국도를 따라 2킬로미터쯤 가면 갈림길이 나온다. 여기서 우회전을 하여 7킬로미터쯤 가면 신약수인데 처음 3, 4킬로미터만 포장이고 나머지는 비포장이다.

평창 신약수 수질 분석표(단위 mg/l)	
까만간산칼륨소비람 3.2	철 0.75
망간 0.14	불소 1.5
구리 0.004	pH 6.3
경도 555	

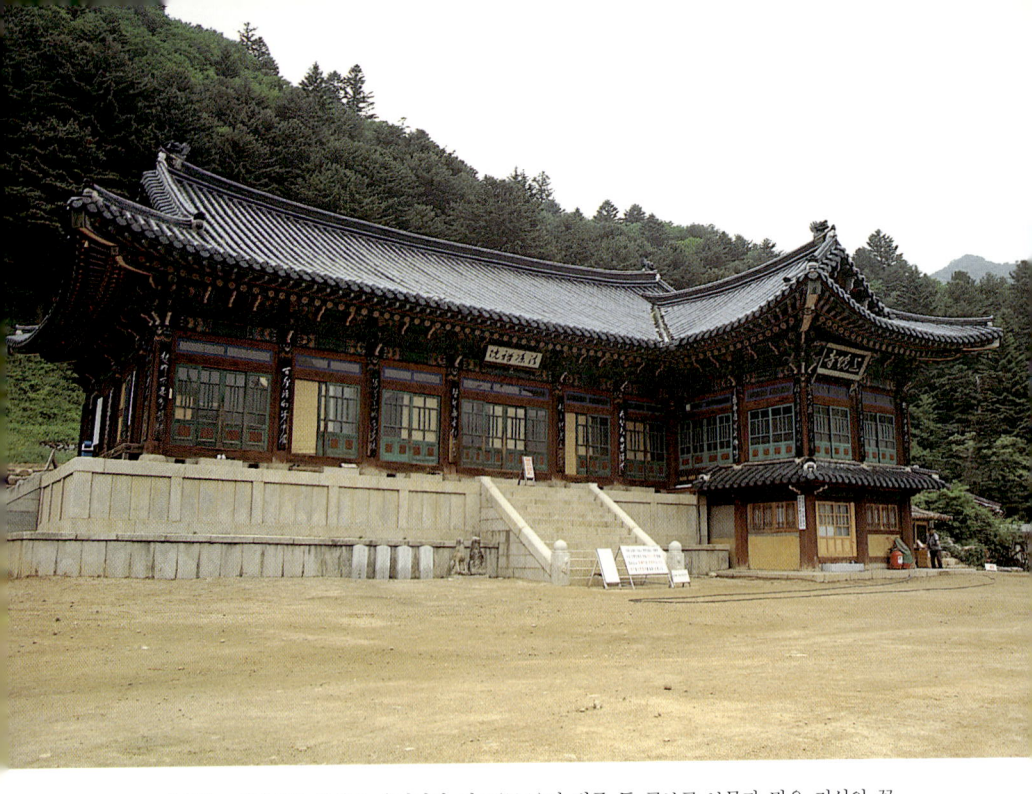

상원사 월정사의 말사로 우리나라 최고(最古)의 범종 등 국보급 보물과 많은 전설의 꽃을 피워낸 오대산 신앙의 중심지이다.

볼 거리

오대산 불교의 성산으로서 다섯 개의 봉우리 때문에 다섯 개의 연꽃잎에 싸인 연심(蓮心) 같은 산세라 하여 오대산이라 한다. 호령봉, 비로봉, 상왕봉, 두로봉, 동대산 등 다섯 개의 봉우리가 중심이 되어 이루어진 이 산은 남쪽의 대관령, 북쪽의 구룡령, 서쪽의 운두령과 동해에 이르는 660평방킬로미터의 광대한 면적을 가진다.

글자 그대로 평평한 대지로 이루어진 다섯 봉우리가 있고 그 봉우리 기슭마다 동대, 서대, 남대, 중대, 북대로 불리는 다섯 개의 작은 암자가 있다. 오대산은 굵직한 전나무숲에 의해 항상 차분한 느낌을 준다.

장엄한 산세에 어울리게 오대산의 단풍은 중후한 세련미가 느껴진다.

오대산 국립공원 동북쪽에 있는 소금강은 계곡미가 나라에서 으뜸이다. 1970년 명승 부문의 제1호로 지정되었고 1975년에는 국립공원이되었다. 소금강이란 명칭은 율곡 이이(李珥, 1536~1584)의 「청학산기」에서 알려지기 시작하였고 입구 표석에 써 있는 '小金剛'이란 글씨도율곡이 쓴 것이라고 전한다.

무릉계를 시작으로 십자소, 금강사, 식당암, 청심폭, 세심폭, 구룡폭, 만물상, 구곡담, 희암대, 선녀탕, 백운대, 아미산성, 학유대, 만물상, 일월암 등 5킬로미터에 이르는 구간은 굽이굽이 절경이다.

상원사 월정사의 말사로 국보급 보물과 함께 많은 전설의 꽃을 피워낸 오대산 신앙의 중심이다. 상원사 하면 떠오르는 것이 우리나라 최고(最古)의 범종이다. 이 범종은 경주 에밀레종(봉덕사종)과 함께 나라에 두 개밖에 없는 신라시대의 것이다. 종 표면에 세밀하게 표현된 비천상이 아름다운 것으로 유명하다. 청아한 소리 또한 다른 종이 따라가지 못한다. 또 다른 국보인 문수동자상도 상원사를 대표한다. 여기에는문수보살과 조선 세조가 관계된 설화가 전한다.

불바라기약수(미천약수)

이름만 들어도 목젖을 다고 내려가는 약수의 뜨거운 기운을 느낄 수있는 불바라기약수는 감히 접근하기 어려운 깊은 골짜기에 숨이 있다.

불바라기약수를 찾는 이들은 세 번 놀란다. 맨 처음 맑은 물과 나무들 그리고 기암 괴석이 빚어낸 미천골의 아름다운 풍광에 놀라고, 미천골이 그리도 깊다는 사실에 놀라고, 마지막으로는 겨우 찾아간 그 약수의 물맛에 놀란다.

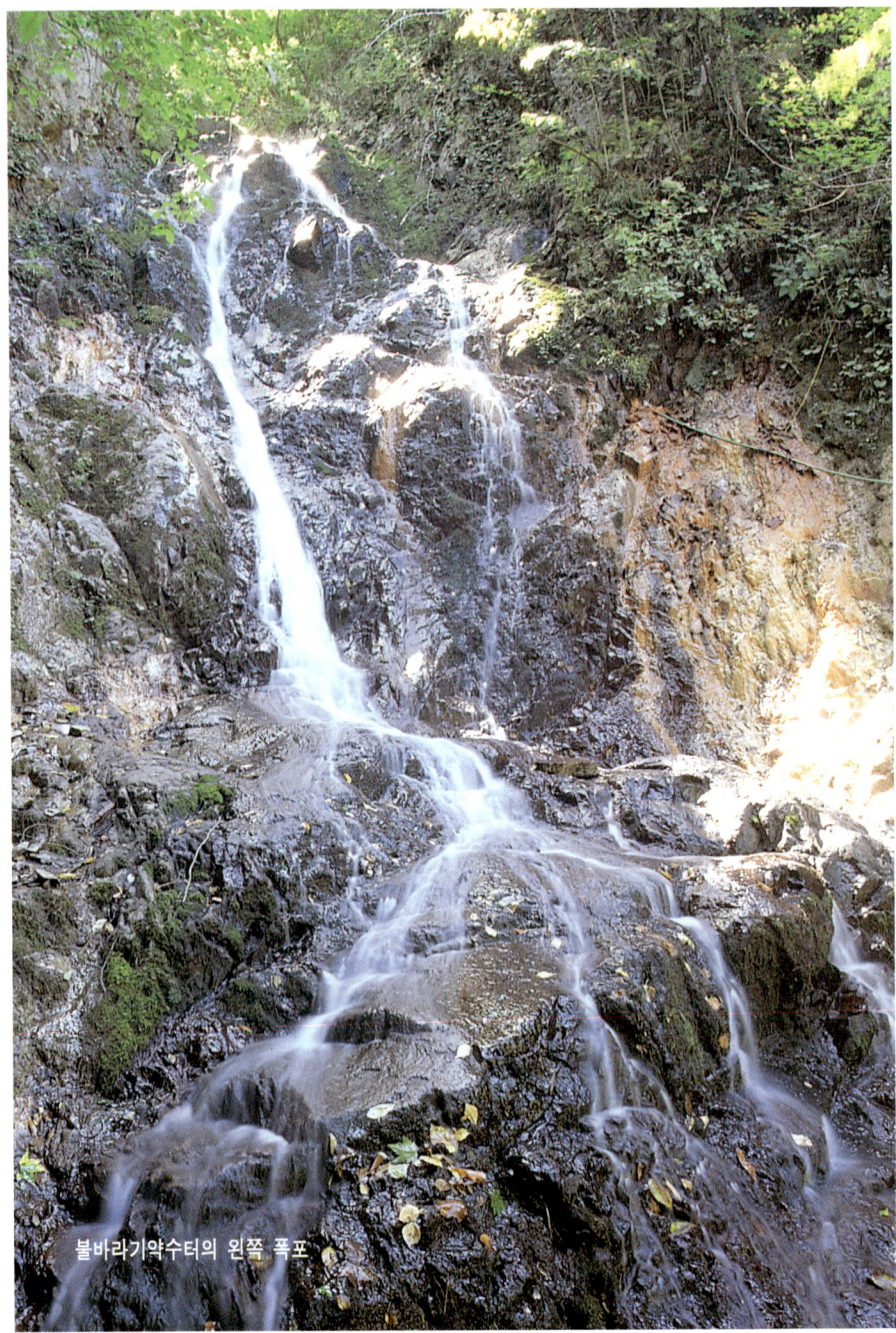

불바라기약수터의 왼쪽 폭포

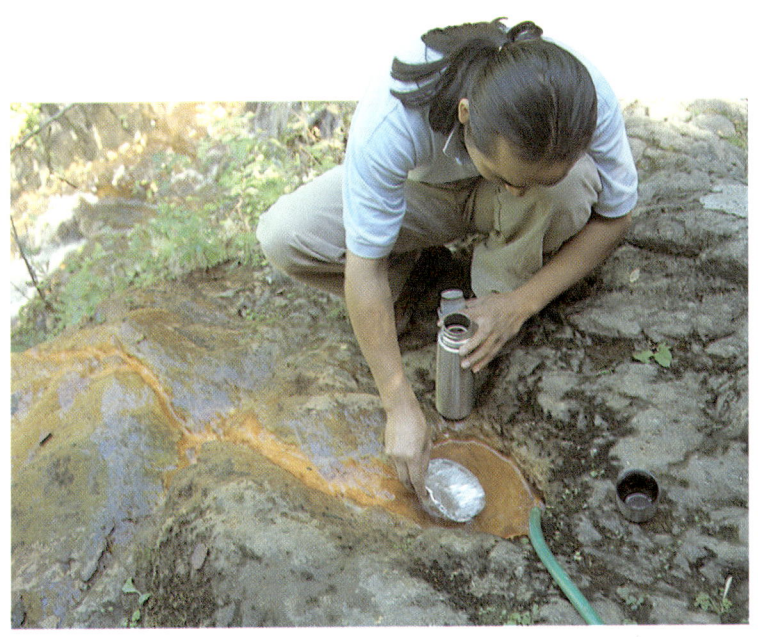

불바라기약수터 왼쪽 폭포의 벼랑에서 약수가 흘러나오는데 위장병과 피부병에 특효가 있다. (위)

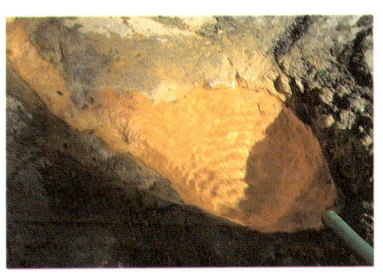

약수 구멍 철분으로 인해 주변의 돌이 붉게 물들어 있다. (오른쪽)

미전골 입구에서부터 걸어가려면 웬만한 1,000미터급 산을 등산한다는 각오를 해야 한다. 예선에는 길어서 약수터를 다녀오는 데에만 여섯 시간이 걸렸지만 요즘에는 자연휴양림으로 개발되어 어느 정도까지는 승용차를 이용할 수 있다. 하지만 최근 임도(나무 관리의 효율성을 위하여 주로 산림청에서 낸 비포장도로)를 내느라 길이 많이 부서져 옛 정취를 아는 이들에게는 슬픔마저 들게 한다.

그래도 워낙 아름다운 계곡이라 그 풍치가 조금은 남아 있다. 무작정 임도를 따르다 나무 팻말이 있는 곳에서 계곡으로 들어가 300미터쯤 오르면 좌우에 두 개의 폭포가 물보라를 흩날린다. 왼쪽 폭포를 보는 순간 불바라기약수 이름의 유래를 짐작할 수 있다.

약수 성분에 대해서는 자세히 알려진 바가 없지만 위장병과 피부병에 특효가 있다고 한다. 최소 두세 시간은 걸음품을 팔아야 하기에 위장병은 덤으로 낫는다고 할 수 있다.

미천골자연휴양림에서 이 약수에 다녀오려면 아침 일찍 출발하는 게 좋다. 그래야 돌아오는 길에 중간중간 계곡의 절경을 즐기면서 계곡에 발을 담그고 더위를 식히며 쉴 수 있기 때문이다. 여름도 여름이지만 특히 참나무와 단풍나무들이 어우러져 빚어내는 가을 풍광은 영원히 잊지 못할 추억으로 남을 것이다.

숙박은 미천골자연휴양림 시설을 이용하면 되지만 그 길고도 긴 골짜기 안에 민가라고는 토종벌을 치는 집과 미천골농원을 운영하는 집 등 두 채밖에 없다.

찾아가는 길

불바라기약수는 강원도 양양군 서면 황이리 미천골에 있다. 양양에서 56번 국도를 따라가다 백두대간의 험한 고개 구룡령을 넘기 전에 황이리에 다다르면 미천골자연휴양림이라는 간판이 나온다. 다리를 건너 계곡으로 들어가 선림원지, 휴양림 관리사무소와 토봉단지 등을 지나 6킬로미터쯤 가면 승용차 출입을 막기 위한 바리케이트를 만난다.

이곳에서 임도를 따라 1시간쯤 걸어 오르면 계곡 쪽으로 '불바라기약수'라고 씌어진 초라한 나무 팻말이 보인다. 여기서 임도를 버리고 호젓한 계곡으로 들어가 300미터쯤 물길을 따라 오르면 불바라기폭포가 보인다. 약수는 왼쪽 폭포의 벼랑에서 흘러나온다.

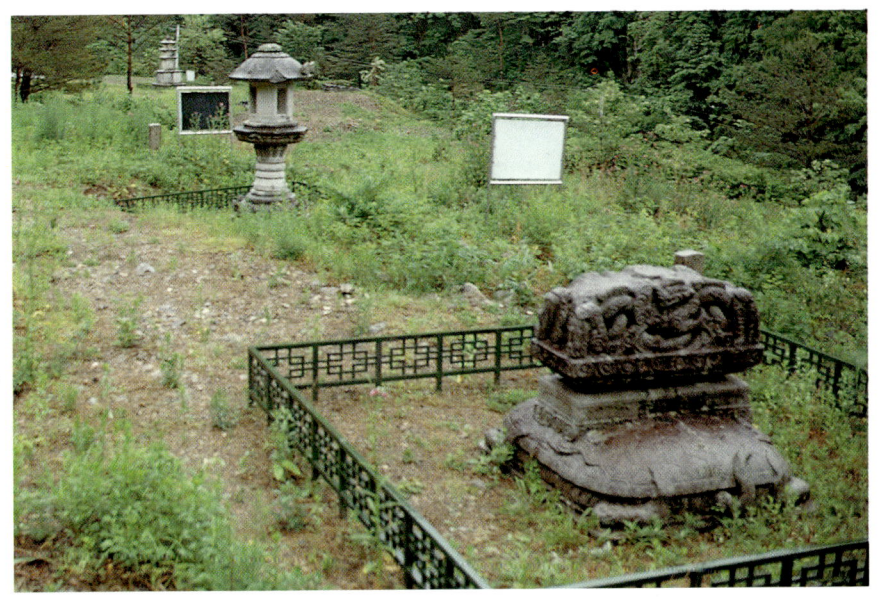

선림원지 1986년에야 발견된 곳으로 부도, 석등, 삼층석탑 등이 보물로 지정되었을 뿐만 아니라 범종, 귀부, 이수 등이 모두 귀한 유물이다.

볼 거리

선림원지 미천골 초입에 있는 선림원지는 10여 년 전인 1986년에야 발굴되었다. 부도, 석등, 삼층석탑 등이 보물로 지정되었을 뿐만 아니라 범종, 귀부, 이수 등이 모두 귀한 유물이다.

삼층석탑 앞 풀밭에 앉아 눈앞으로 흐르는 백두대간의 한 줄기를 바라보면 마음은 저질로 속세를 떠난다. 미천골이라는 이름도 수도승이 많았던 이곳에 공양을 짓기 위해 씻은 쌀뜨물이 늘 하얗게 흘렀다 하여 붙은 이름으로 쌀개울[米川]인 셈이다.

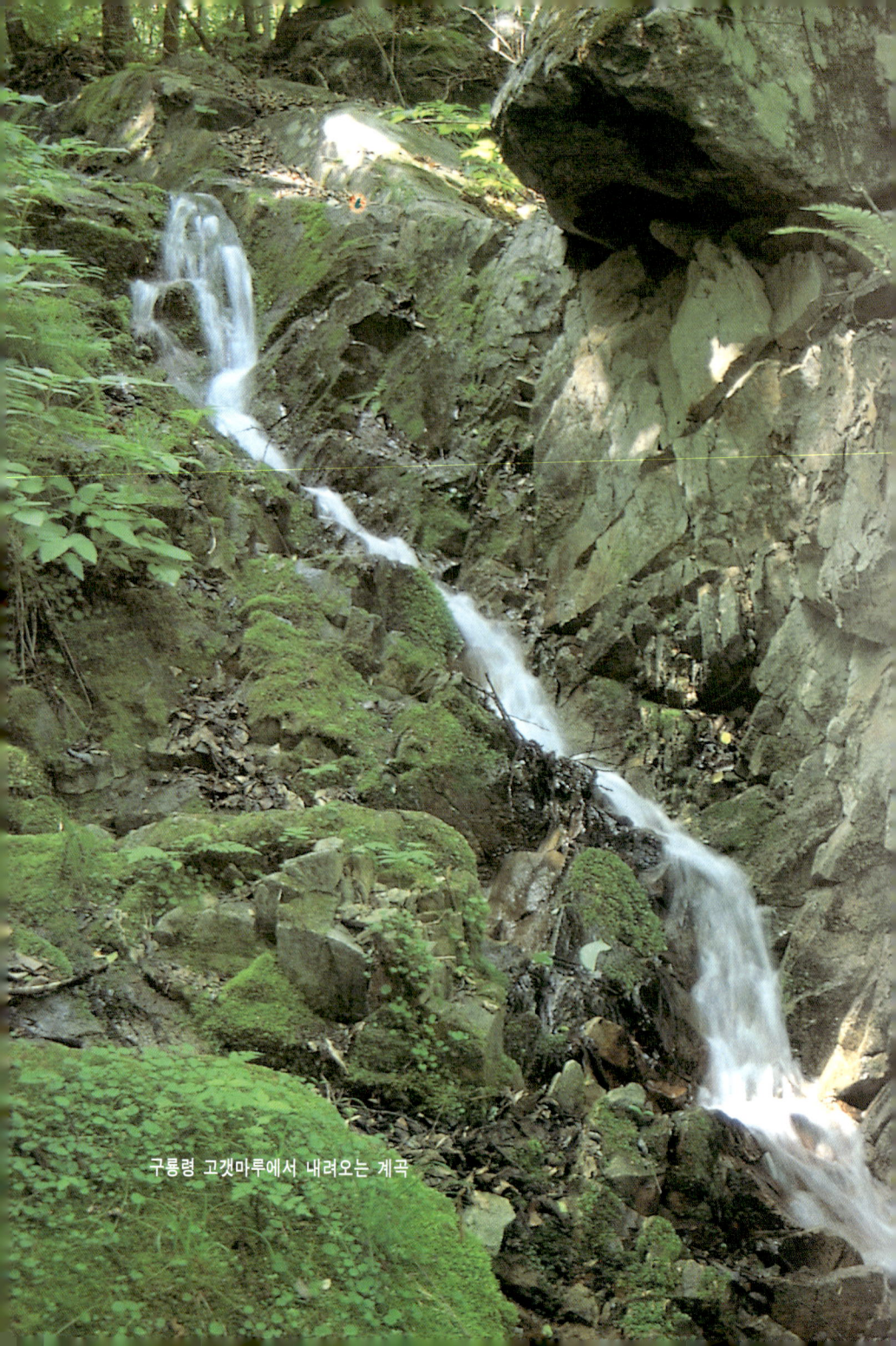

구룡령 고갯마루에서 내려오는 계곡

갈천약수

백두산에서 뻗어내리던 백두대간이 설악산과 점봉산을 빚은 후 잠시 몸을 추스려 힘을 다지는 고개가 바로 약 1,300미터의 구룡령이다. 그 고갯마루에서 양양으로 내려오는 중턱에 자리한 갈천 마을은 깊은 골짜기에 숨은 오지였다.

갈천이라는 이름은 옛날 먹을 것이 없어 굶기를 밥먹듯이 하던 시절, 칡뿌리로 허기를 달랠 때 냇가에 칡물이 떠날 날이 없다는 데서 유래하였다.

마을 이름의 유래부터 그렇게 가난과 연결되던 이 마을이 최근 잘살게 된 것은 다 약수 때문이다. 『양양군지(襄陽郡誌)』에 함께 실린 오색약수에 가려져 다른 사람들에게는 늦게 알려졌지만, 양양 주민들은 이 약수를 더 쳐 주는 편이다. 구룡령 너머 미천골의 불바라기약수에도 뒤지지 않는다. 또 최근 오색약수의 용출량이 눈에 띄게 줄어든 데다가 구룡령이 포장되어 교통이 편리해지자 예로부터 내려온 갈천의 네 가지 보물(葛川四寶) 가운데서도 으뜸으로 치는 갈천약수가 그 역할을 톡톡히 하게 되었다.

약수가 솟는 너럭바위 주변은 온통 붉게 물들어 있다. 쇳물맛이 많이 나는 편이며 톡 쏘는 맛이 강하다. 성분은 철분, 나트륨, 칼슘, 마그네슘, 칼륨, 망간 등으로 빈혈, 충치 예방에 효과가 있는데 주민들은 특히 위장병과 피부병에 좋다고 한다.

갈천약수에 닿으려면 1.5킬로미터쯤을 걸어야 한다. 깊은 계곡의 정취가 약수터 주변의 수많은 돌무더기와 어울린다. 성수기인 한여름에는 2만 명쯤이 찾아온다고 한다. 숙박 시설도 없고 인적마저 드물던 10년 전에 비하면 격세지감이 느껴질 정도이다.

특히 이 약수터를 찾는 사람들이 입을 모아 칭찬하는 것은 용출량만

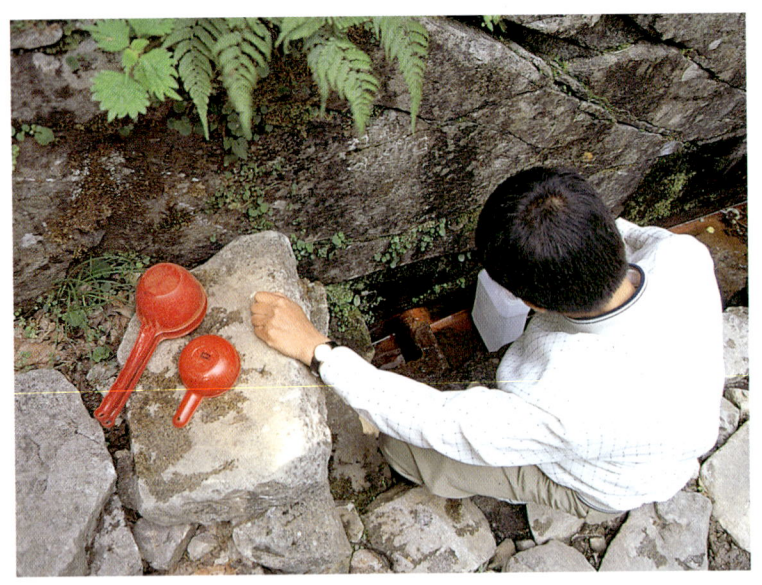

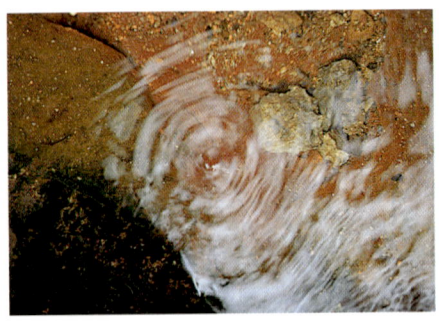

갈천약수 갈천의 네 가지 보물 가운데서도 으뜸으로 치는 갈천 약수는 용출량이 풍부하다. (위)

갈천약수 구멍 쇳물맛이 강한 갈천약수는 특히 톡 쏘는 맛이 강하다. (왼쪽)

큼이나 풍부한 갈천 주민들의 인심이다. 방값과 음식값이 다른 데 비해 훨씬 싼 편이고 바가지 쓸 걱정도 없다. 마을 사람들은 약수와 함께 인심도 같이 팔고 있는 것이다. 여름 피서도 좋지만 가을 단풍철에도 권할 만하다. 산메기탕이 유명하며 마을 앞을 흐르는 개울에서 직접 산메기를 잡을 수도 있다.

찾아가는 길

갈천약수는 강원도 양양군 서면 갈천리에 있다. 양양에서 56번 국도를 따라가다 불바라기약수 입구인 황이리에서 5킬로미터쯤 더 가면 백두대간의 험한 고개 구룡령을 넘기 전에 갈천리삼거리가 나온다. 갈천약수를 알리는 간판을 따라 우회전을 하면 바로 약수터 주차장이다. 여기서 1.5킬로미터쯤 걸어 오르면 갈천약수가 나온다.

화암약수

화암약수가 좋다고 하여 약수를 뜨러 왔더니 물맛 좋고 경치 좋아서 나는 못 돌아서겠네 / 이밥(쌀밥)에 고기 반찬은 맛을 몰라 못 먹나 사절치기 강냉이밥도 마음만 편하면 되잖소

호남의 진도아리랑, 영남의 밀양아리랑과 더불어 우리나라 3대 아리랑의 하나로 꼽히는 정선아리랑에서도 화암약수의 물맛을 노래하고 있을 만큼 이 약수는 정선 사람들에게 빼놓을 수 없는 물이다.

정선군 동면 화암리는 돌과 물과 신화가 한데 얽혀 태고의 신비를 그대로 간직하고 있는 곳이다. 화암약수는 이 풍광의 대표적인 경치 여덟을 이르는 화암 8경 가운데서도 제1경에 속할 정도로 인기가 대단하다.

1910년경 가난하지만 착한 분명무라는 성선 사람이 산신령의 계시로 발견하였다고 알려졌으며 부정한 사람이 이 약수를 마시려 하면 큰 구렁이가 물 밑에 또아리를 틀고 있는 것처럼 보여 못 마셨다고 하는 등의 이야기가 전하기도 한다.

화암약수는 맑은 물이 흐르는 계곡 바로 옆에 있다. 한귀퉁이에서 보글거리는 소리를 내며 솟아오르는 약수를 맛볼 수 있는데 샘 주위는 뻘

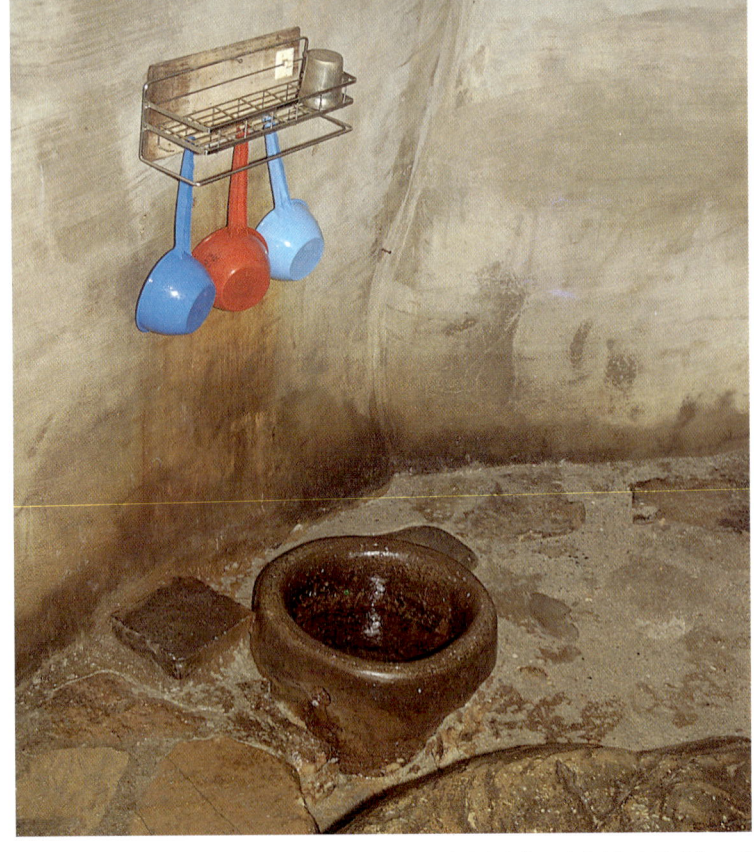

화암약수 우리나라 3대 아리랑의 하나로 꼽히는 정선아리랑에도 화암약수의 물맛을 노래할 정도로 정선 사람들이 사랑하는 물이다.

겋게 물들어 있다. 철분이 많고 탄산 성분도 많아 톡 쏘는 맛이 좋다. 위장병과 안질, 피부병에 효과가 있다고 한다. 이 물을 먹고 병이 나은 사람들은 문씨가 평소 어질고 착하였기 때문에 이 약수를 발견하였다고 고마워하며 아직도 그를 칭송한다.

화암약수 주차장에서 내리면 계류 건너로 쌍약수가 보인다. 이 약수는 최근 발견된 것으로 원래의 화암약수보다 맛이 떨어져 사람들이 덜 찾는다. 쌍약수와의 사이에 300미터쯤 걸을 수 있는 호젓한 산책로를 만들어 놓았는데 인적 드문 가을날 마음 맞는 사람과 서두를 것 없이 거닐다 돌아오는 길은 너무도 아름답다. 약수터 앞으로 떨어지는 붉은 벚나무 단풍 속에서 약수를 떠서 마시는 맛도 일품이다. 약수터 건물 뒤로는 수객들이 쌓아 놓은 돌탑이 셀 수 없다.

1977년 국민관광단지로 개발되면서부터 입장료를 받고 있으며 산막과 야영장 시설 등을 골고루 갖추고 있어 가족끼리 가서 즐기기에 적당한 곳이다. 또 주변에는 정선 소금강, 몰운대, 화암동굴 같은 볼 거리까지 있어 더욱 좋다.

화암약수에서 산행을 시작하여 조그마한 능선을 따르면 몰운대로 향

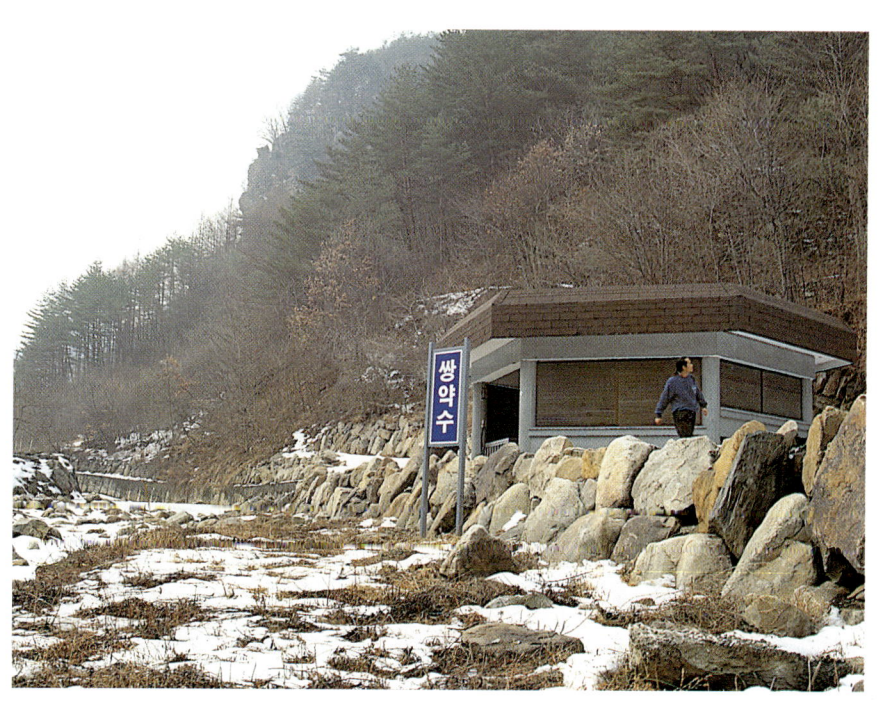

쌍약수 화암약수 건너편에는 쌍약수가 있다. 이 약수는 최근 발견된 것으로 화암약수보다 물맛이 떨어져 사람들이 덜 찾는다.

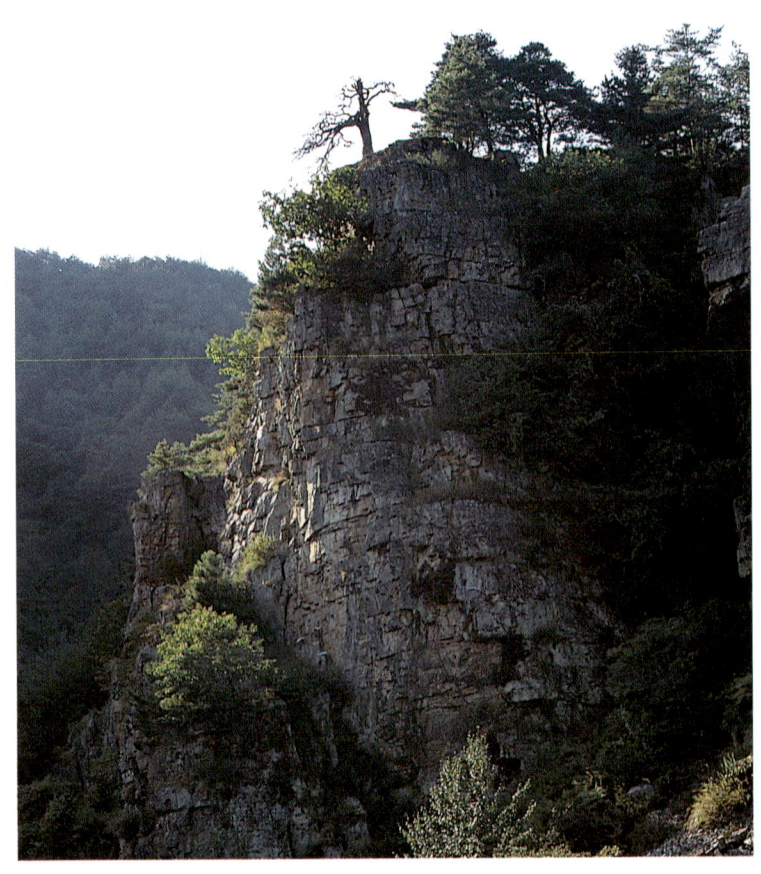

몰운대 화암 8경의 하나로 기기묘묘하고 수려한 경관이 그냥 지나치지 못하게 한다.

하는데 물이 한없이 맑다. 단풍이 드는 가을에 이곳을 찾았다면 더없
는 행운을 만난 것이다. 특히 애주가라면 몰운대 너럭바위에 걸터앉아
계곡의 아름다운 풍광을 감상하며 막걸리 한 잔 마시는 것은 필수이다.
　근처에는 토산품을 파는 가게도 있고 식사할 수 있는 곳도 있다. 또
약수터 바로 앞에는 화암장호텔이 있으므로 숙식은 문제없다.

찾아가는 길

화암약수는 강원도 정선군 동면 화암리에 있다. 정선에서 424번 지방도를 따라 정선 소금강 쪽으로 10킬로미터쯤 가면 덕구삼거리인데 그대로 직진하여 10킬로미터를 더 간다. 그러면 오른쪽으로 화암약수 입구가 나타난다. 여기서 우회전하여 2킬로미터쯤 가면 화암약수터가 나타난다.

화암약수 수질 분석표(단위 mg/ l)	
염소 4.3	구리 0.029
철 0.83	망간 0.16
아연 0.003	황산기 34
경도 645	pH 6.3

볼 거리

가리왕산 정선아리랑과 더불어 정선을 대표할 만한 것이다. 산삼의 주산지였던 이곳은 최근 조선시대에 세운 '산삼 봉표석(山蔘封標石)'이 발견되기도 하였다.

옛날 맥국(貊國)의 가리왕(加里王)이 이곳에 피난하여 성을 쌓고 머물렀으므로 가리왕산이라 부른다고 하며, 북쪽 골짜기에 그 대궐터의 흔적이 남아 있다. 희귀 동식물의 보고이기도 한 가리왕산은 볼 거리가 많은데 그 가운데서노 화암 8경이 유명하다.

제1경은 망운대이고 상봉의 동쪽과 서쪽에는 제2경으로 갈왕이 숨어 살았다는 '동심'과 '서심'이 있는데 이곳의 샘은 부정한 사람이 접근하면 말라 버린다는 전설이 있다. 또 중봉 아래 시녀암은 3경, 백수선인이 거처하였다는 백수암은 4경, 장자탄은 5경, 용굴계곡은 6경, 회동계곡은 7경, 비룡동 종유굴은 8경이다.

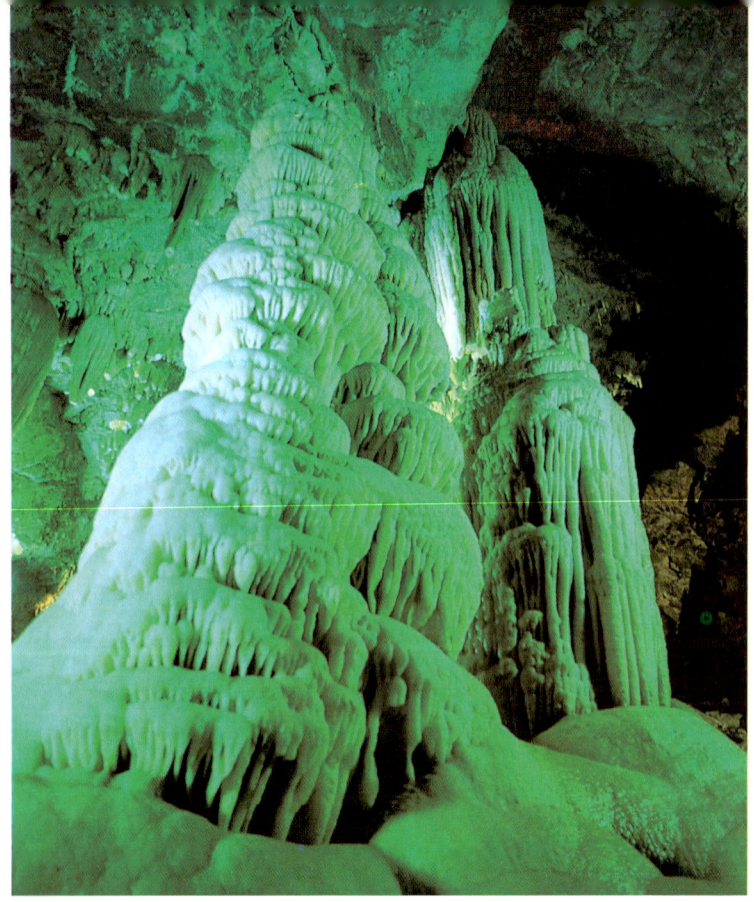

화암 동굴 가리왕산에 숨어 있는 비경인 화암 8경의 하나로 종유굴이다.

아우라지 나루터 정선아리랑의 첫 대목이다.

아우라지 뱃사공아 배 좀 건너 주게/싸리골 올동백이 다 떨어진다
떨어진 동백은 낙엽에나 쌓이지/잠시 잠깐 임 그리워 나는 못살겠네
아리랑 아리랑 아라리요/아리랑 고개로 날 넘겨 주게

약수를 보고 돌아오는 길에 건너게 되는 아우라지 나루터는 정선아

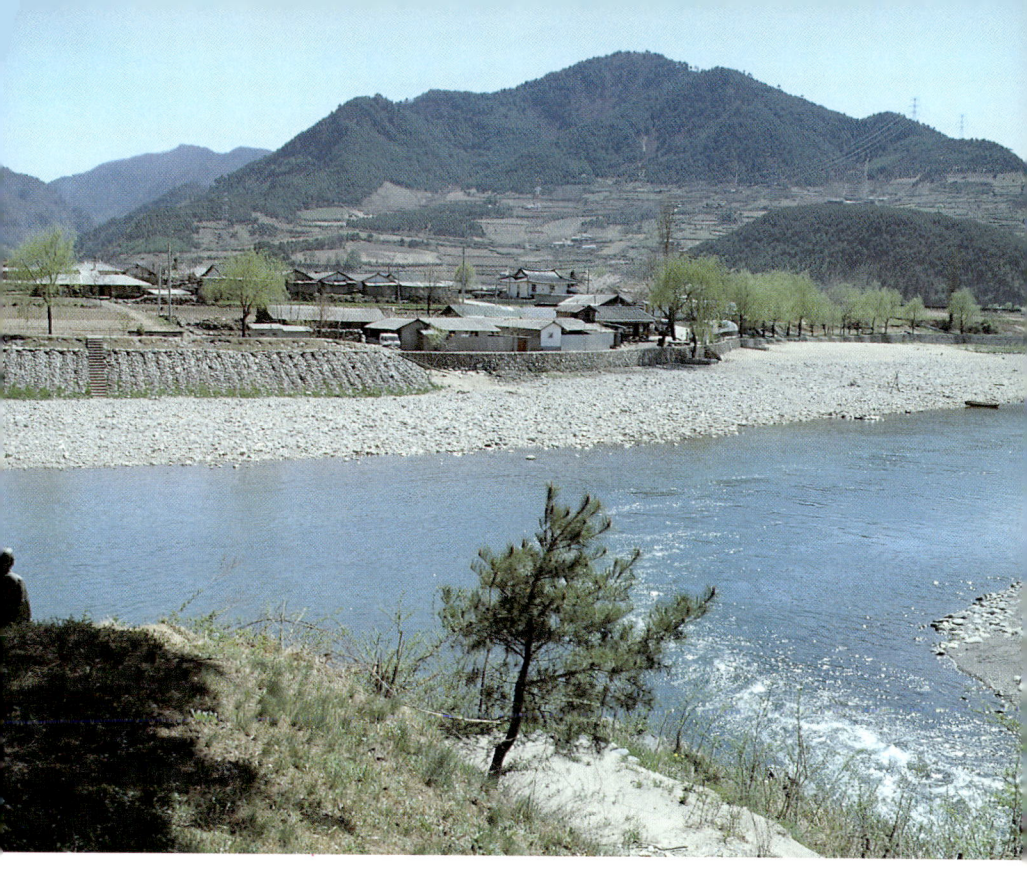

아우라지 나루터 구절리 쪽의 송천과 임계 쪽의 골지천이 합류하여 '어우러진다'고 하여 붙여진 이름으로 나루터에 서 있는 처녀 동상은 슬픈 사연을 안고 있는 실제 이야기의 주인공이라고 한다.

리랑의 발상지이다. 강기슭에는 '아우라지 처녀' 동상이 강 건너 나루를 하염없이 바라보고 있다. 화암약수에도 나오는 정선아리랑은 남녀 간의 애정을 표현하고 있는 노래로 잘 알려져 있다.

이 노래는 실화를 바탕으로 했다고 전해진다. 주인공은 70년 전 북면 여량리의 처녀와 유천리의 총각으로 두 연인이 싸리골 동백을 따러 가기로 약속한 날, 간밤에 내린 폭우로 강물이 불어 나룻배가 건널 수 없게 되었다.

그래서 두 연인은 강을 사이에 두고 만날 수 없는 마음을 이 노래에 실어 읊은 것이다. 또 다른 이야기도 전하는데 당시 이 강의 뱃사공이던 '지장구 아저씨'가 이들의 슬픈 사연을 눈치채고 대신 부른 노래라고도 전한다.

참고로 여기에 나오는 동백은 이른봄에 노오란 꽃이 피는 생강나무의 강원도 사투리이다. 김유정의 소설 『동백꽃』의 동백도 우리가 흔히 알고 있는 사철 푸른 나무인 동백나무가 아니고 생강나무를 말한다.

'아우라지'라는 이름은 구절리 쪽의 송천과 임계 쪽의 골지천이 합류하여 '어우러진다'고 하여 붙여진 이름이다. 송천은 양수, 골지천은 음수라 하는데 예로부터 여름에 송천에 물이 많으면 홍수가 나고 골지천에 물이 불면 가뭄이 든다고 하였다.

또 어원상으로 '어우러지다'는 남녀가 정분이 나는 것을 말하니 아우라지는 이래저래 음과 양이 만나는 곳인 모양이다. 화암약수를 찾는 수객이라면 인연을 만들 수도 있는 곳이겠지만 정선은 나라에서 알아주는 오지라 눈맞출 젊은 사람이 드물다.

추곡약수

사명산 남쪽 산자락의 작은 개울이 흐르는 약수골에 있는 추곡약수는 상탕과 하탕 두 개로 나누어 있다. 경치가 뛰어나고 물 맑은 소양호와 문바위봉을 거느린 사명산이 어우러진 풍광은 다른 약수터에서는 찾아볼 수 없는 아름다움을 지니고 있다. 게다가 등산과 약수 그리고 호수의 풍광을 한 번에 즐길 수 있는 곳으로 사랑받고 있다.

전설에 의하면 상탕은 150년쯤 전에 속병을 앓던 어떤 노인이 산신령의 계시를 받아 발견한 뒤 병을 고친 곳이다. 그런데 약수의 효능을 알아챈 이 노인이 돈을 받고 약수를 팔면서 약효가 없어졌다고 전한다. 또 1812년 마을 사람 김원보 씨가 꿈에 사명산 산신령의 계시를 받고 발견하였다고도 한다.

하탕은 100년쯤 전에 한 맹인이 이곳을 지나다가 돌부리에 채여 넘어졌는데 바로 그곳에서 샘이 솟았다고 한다. 이 발견으로 맹인이 눈을 떴는지 어쨌는지의 뒷얘기는 없지만 마을 사람들은 위장병, 빈혈, 신경통, 고혈압 같은 병에 효험이 있다고 자랑이 대단하다. 또 특이하게도 약수터 주위의 붉은 녹을 긁어 상처에 바르면 웬만한 상처는 곧 아문다고 한다.

추곡약수 물 맑은 소양호와 문바위봉을 거느린 사명산의 풍광과 약수를 함께 즐길 수 있는 추곡약수는 수객들의 사랑을 한몸에 받고 있다.

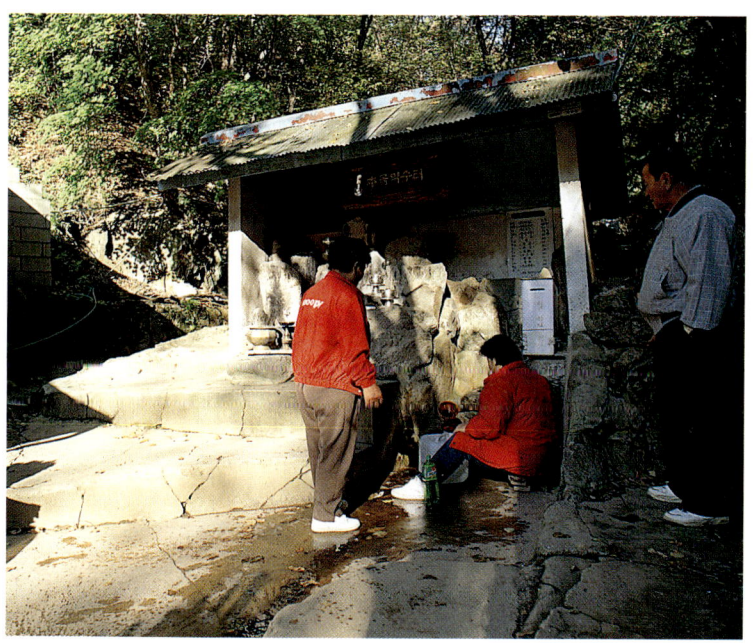

약수에는 철분, 나트륨, 탄산염, 황산염, 염소, 불소, 망간, 규소, 구리, 칼슘 등이 섞여 있다. 전체적으로 철분보다는 나트륨과 마그네슘이 많고 광물질의 함량이 높아 맛이 진하다. 감초맛이 도는 추곡약수로 밥을 지으면 밥에 푸르스름한 윤기가 돈다.

추곡약수 둘레의 관광지로는 소양호와 오봉산의 청평사가 있다. 소양호 물가에서는 여름에는 호반낚시를 즐길 수 있고 겨울에는 빙어낚시가 유명하여 많은 낚시꾼들이 몰려든다.

찾아가는 길

추곡약수는 강원도 춘천시 북산면 추곡리에 있다. 춘천에서 46번 국도를 따라 양구로 가다 배후령을 넘으면 오봉산주유소가 있는 간척삼

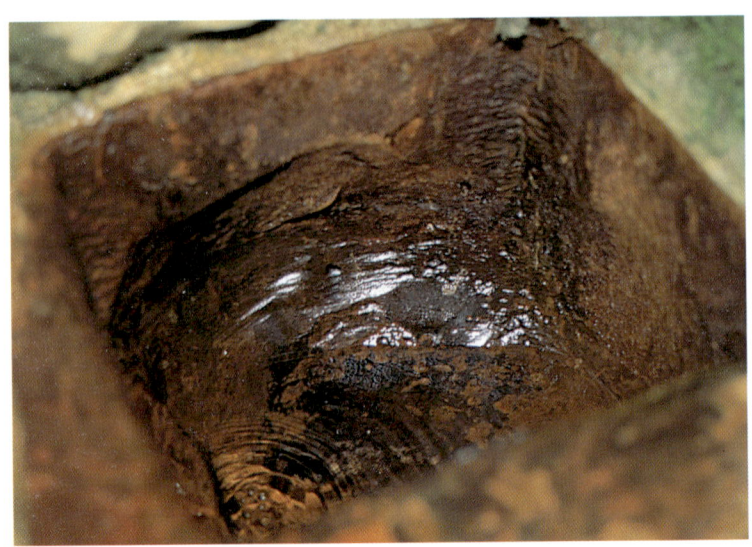

추곡약수 상탕의 약수 구멍 광물질의 함량이 풍부하여 맛이 진하기 때문에 사람들의 발길이 잦다.

거리가 나온다. 여기서 양구 쪽으로 방향을 잡고 추곡터널을 지나 8킬로미터쯤 가면 추곡약수를 알리는 간판이 나온다. 그리고 좌회전하여 조금만 가면 추곡약수터이다. 약수터 입구에서 약수터까지의 거리는 500미터쯤이다.

오전약수

"이 약수는 마음의 병을 고치는 좋은 스승에 비길 만하다."

조선 중종 때(1542년) 풍기군수를 지낸 주세붕(周世鵬, 1495~1554)이 오전약수를 마시고 물맛에 반해 후세 사람들에게 그 물맛을

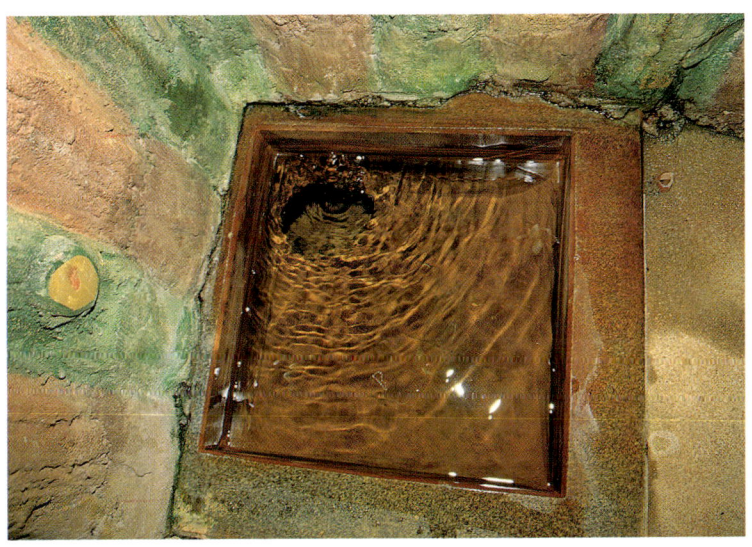

오전약수 구멍 오전약수는 사이다맛을 느끼게 하는 탄산 성분이 많아 혀끝을 톡 쏘는 청량감이 일품이다.

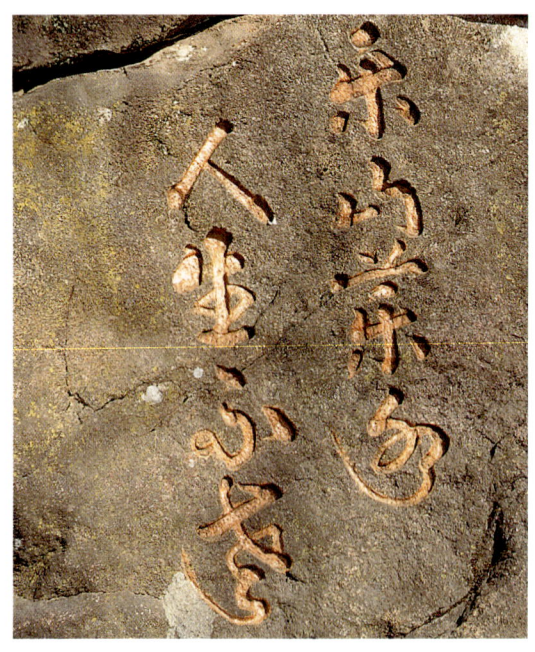

오전약수터 바위 약수 바로 위에는 오전약수처럼 맑고 깨끗한 마음을 지니라는 의미로 주세붕이 적은 휘호가 새겨진 바위가 있다.

칭송하며 하였던 말이다. 오전약수처럼 맑고 깨끗한 마음을 지니라는 뜻일 게다.

약수터 옆 바위에는 주세붕이 쓴 휘호가 남아 있다. 이 약수터는 물맛뿐만 아니라 시설도 손색이 없으며 신경통, 신경 허약증, 산후풍, 고혈압 등에 효과가 있으며 위장병과 피부병에는 특효라고 한다. 성분은 유리탄산과 마그네슘, 칼슘이온, 망간, 염소 등이 함유된 탄산수이다. 사이다맛을 느끼게 하는 혀끝을 톡 쏘는 청량감이 일품이다.

부석사로 잘 알려진 봉황산 기슭에 있는 이 약수터는 상탕과 하탕이 있는데 여기에는 전설이 하나 전해지고 있다. 옛날 소백산 자락에서 살던 한 여인이 다른 남자와 정을 통하고 이 약수터를 찾았다. 그녀가 이곳에 도착해 물을 마시려 하자 그때까지 맑게 흐르던 약수가 갑자기 흙탕물로 변하며 뱀이 나왔다고 한다.

아마 남성의 상징이랄 수 있는 뱀이 나옴으로써 이 여인이 부정을 저질렀다는 사실을 드러낸 듯하다. 사람들은 이 전설이 약수를 마실 때 몸과 마음을 정갈히 하고 마시라는 교훈이라고 생각한다.

물을 찾아다니다 보면 가끔 혼자 다니는 나이든 노인네들을 만나는데 이들이 물을 대하는 태도는 매우 신중하다. 함부로 입을 벌리지 않고 몸가짐도 바르게 한다. 물 한 모금 경망스럽게 홀짝 마시고 총총걸음으로 떠나 버리는 요즘 세태와는 큰 차이를 보인다. 약수를 좋은 스승에 비교하였던 주세붕의 가르침을 되새겨볼 만하다.

찾아가는 길

오전약수는 경상북도 봉화군 물야면 오전2리에 있다. 봉화에서 915번 지방도를 따라 부석사 쪽으로 방향을 잡는다. 11킬로미터쯤 가면 물야삼거리가 나오는데 직진하여 6킬로미터를 더 가면 오전약수 앞 삼거리에 이른다. 좌회전하여 들어가면 바로 약수터가 나타난다.

오전약수 수질 분석표(단위 mg/l)	
유리탄산 1.01	마그네슘 47.2
철분 30.0	염소 10.6
칼슘 44.8	

볼 거리

소백산 백두대간이 강원도를 지나고 나서 빚은 명산이다. 죽령 남쪽의 도솔봉에서 연화봉, 비로봉, 국망봉, 신선봉을 연결하는 장쾌한 능선이 20킬로미터가 넘게 뻗어 있다. 특히 5월 말의 철쭉꽃이 아름다

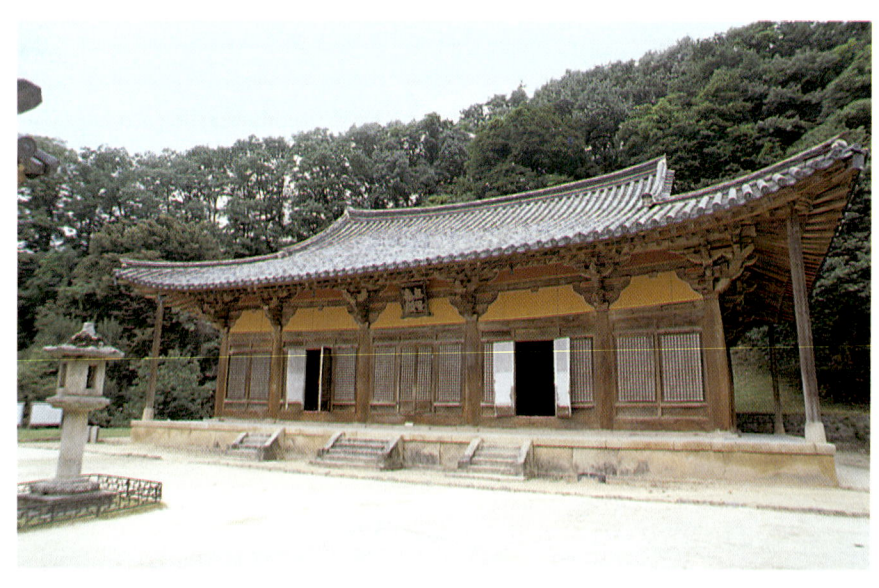

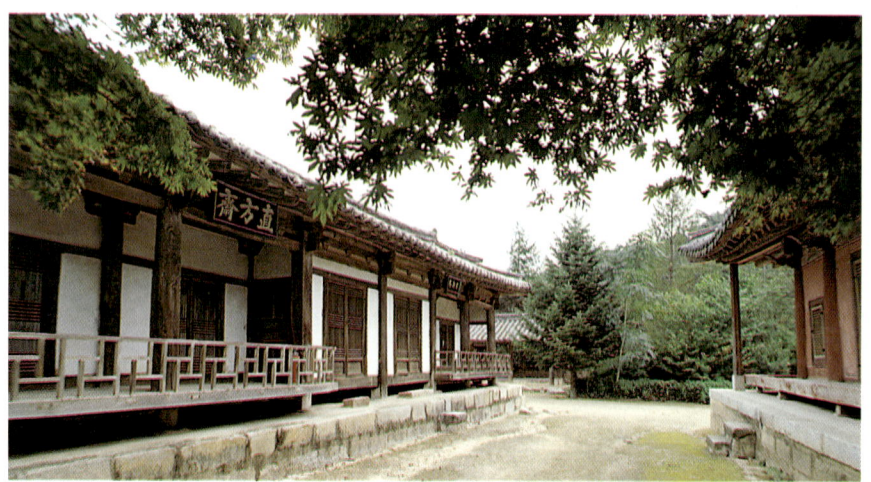

부석사 무량수전 국보 제18호로 지정된 우리나라 최고의 목조 건물이다. (맨 위)

소수서원 1532년 주세붕이 세운 우리나라 최초의 서원이다. (위)

위 등산객들이 많이 찾는다. 산 남쪽 능선에는 국립천문대 소백산 천체
관측소가 있다.

소수서원 고려의 명유(名儒) 안향(安珦, 1243~1306)을 기리기 위
해 1532년(중종 27) 주세붕이 세운 우리나라 최초의 서원으로 당시 이
름은 백운동서원이었으나 명종 때 풍기군수로 왔던 이황(李滉, 1501~
1570)의 건의로 소수서원이라고 고쳤다.

부석사 무량수전 국립박물관장을 역임하였던 최순우 선생이 '호
젓하고도 스산스런 희한한 아름다움'이라고 극찬하였던 부석사의 주불
전이다. 신라 문무왕 때 의상 대사가 창건하였다고 하는 부석사의 무량
수전 배흘림기둥에 기대서면 이 가람의 건축미와 공간미를 찬탄하지
않을 수 없다. 전문가들은 무량수전이 국보니 보물이니 하는 평가를 떠
났다고도 볼 수 있다고 한다.

달기약수

달기약수는 전국적으로 유명한 약수터로 지금도 하늘에 제사지내는
'달기약수 영천제'가 행해지고 있다. 청송 주왕산과 함께 전국에서 이
름을 날리는 청송의 명물이다.

이 약수는 빛과 냄새가 없고 빈혈, 위장병, 관절염, 신경질환, 심장
병, 부인병 같은 데 좋다 하여 시도 때도 없이 사람들로 붐빈다. 하탕,
중탕, 신탕, 싱당 등이 있는데 가장 아래쪽에 있는 하탕에는 약수탕 번
영회 청년들이 나와 약수를 배급하고 있다.

하탕과 상탕 사이 750미터쯤의 거리엔 스무 개쯤의 약수 구멍이 있
는데 곳곳마다 사람들이 즐비하게 늘어서 있다. 그나마 하탕보다는 덜
붐비지만 수객들이 플라스틱 물통을 들고 줄지어 차례를 기다리고 있

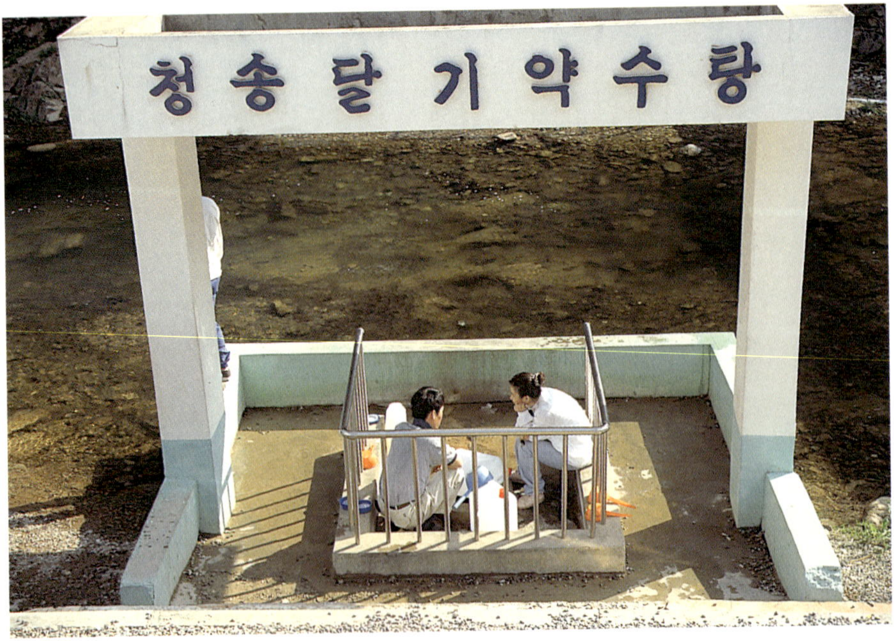

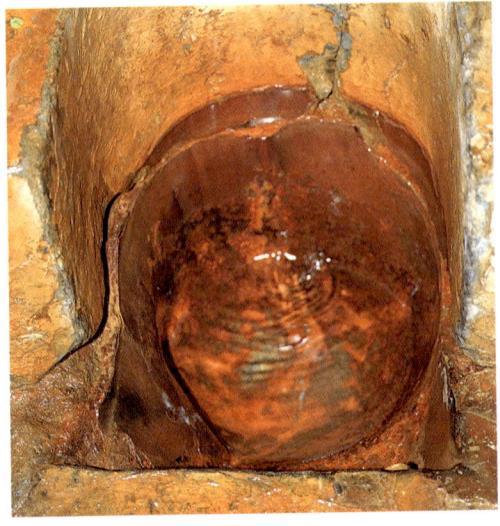

달기약수 상탕 빛과 냄새가 없고 빈혈, 위장병, 관절염, 신경 질환, 심장병, 부인병 같은 데 좋다 하여 붐빈다. (위)

달기약수 하탕 구멍 상탕과 하탕 사이 750미터쯤의 거리엔 스무 개쯤의 약수 구멍이 즐비하게 서 있다. (왼쪽)

는 것은 다 마찬가지이다. 또 인근에 즐비하게 서 있는 민박집에는 장
기 투숙을 하며 약수로 병을 고치려는 사람들이 많다.

　이곳의 약수탕은 근처에는 식당과 민박을 겸한 집들이 여럿 성업중
이다. 이들은 약수로 푹 고아낸 백숙을 별미로 내세우고 있으며, 위장
병에 특효가 있고 먹으면 겨울에도 손발이 따뜻해진다는 옻닭도 알아
준다.

　이 약수가 있는 달기골은 달(月)과 관계가 있다. 약수가 있는 계곡
한가운데 마을은 '청송의 달 뜨는 곳' 바로 달기이다. 계곡 들머리의
월막(月幕)이라는 마을은 달이 뜰 때면 장막같이 보인다 하여 붙은 이
름이고 월외(月外)는 월막의 바깥에 있다는 뜻이다.

찾아가는 길

　달기약수는 경상북도 청송군 청송읍 부곡리 달기골에 있다. 교통이
편리하고 찾아가기도 쉽다.

　청송군청이 있는 읍내 삼거리에서 동쪽 달기폭포 쪽으로 3킬로미터
쯤 가다 보면 즐비하게 늘어선 달기약수터가 보인다. 달기약수에서 좁
은 길을 따라 5킬로미터쯤 더 가면 주왕의 전설이 서린 달기폭포가 나
온다.

달기약수 수질 분석표(단위 mg/l)	
유리탄산 1.1	망간 1.19
칼슘 32.5	황산기 9.1
중탄산 85	불소 1.24
칼륨 5.55	염소 13
나트륨 15.7	아연 0.03
철 9.30	인 0.06
구리 0.01	규소 15

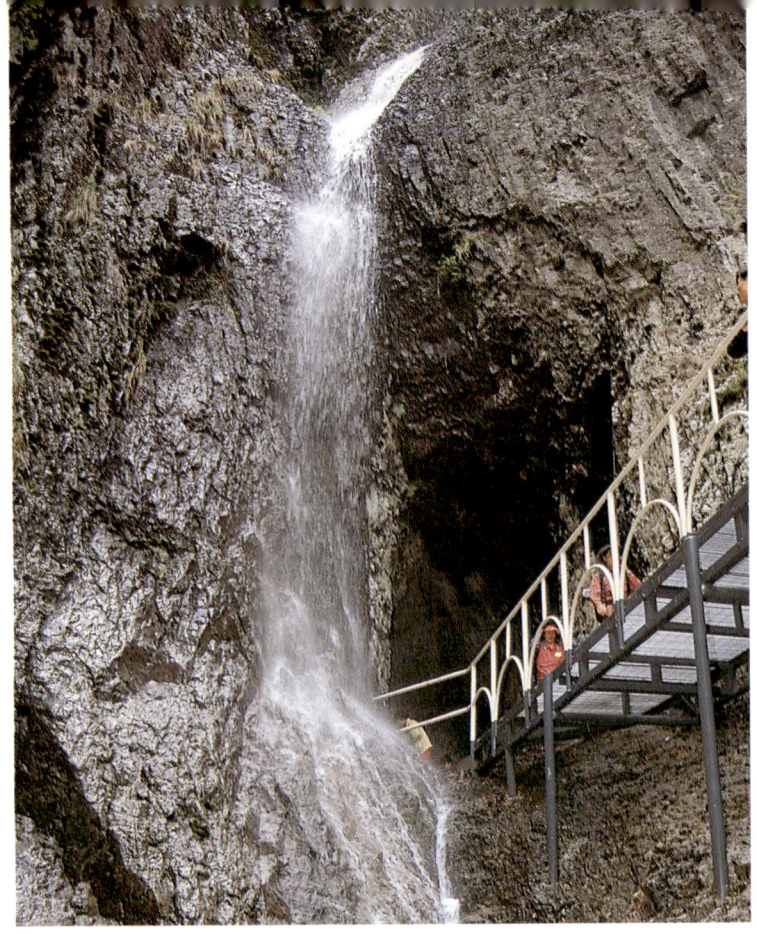

주왕굴 입구 작은 폭포 오른쪽에 있는 철제 사다리를 건너면 주왕굴로 들어갈 수 있다.

볼 거리

달기폭포(월외폭포) 주나라 주도라는 사람이 스스로를 후주천왕이라고 칭하고 반란을 일으켰다가 압록강을 건너 이곳까지 쫓겨와 사살된 뒤 그의 첩 달기가 몸을 던져 자살하였다는 전설이 서려 있다. 용이 승천하였다는 폭포와 용소는 명주실 한 꾸리로도 깊이를 가늠할 수 없었다지만 30년 전쯤 산의 나무를 베어내고 길을 만들 때 나온 폐석으로 메워지면서 신비감도 다소 상실되었다.

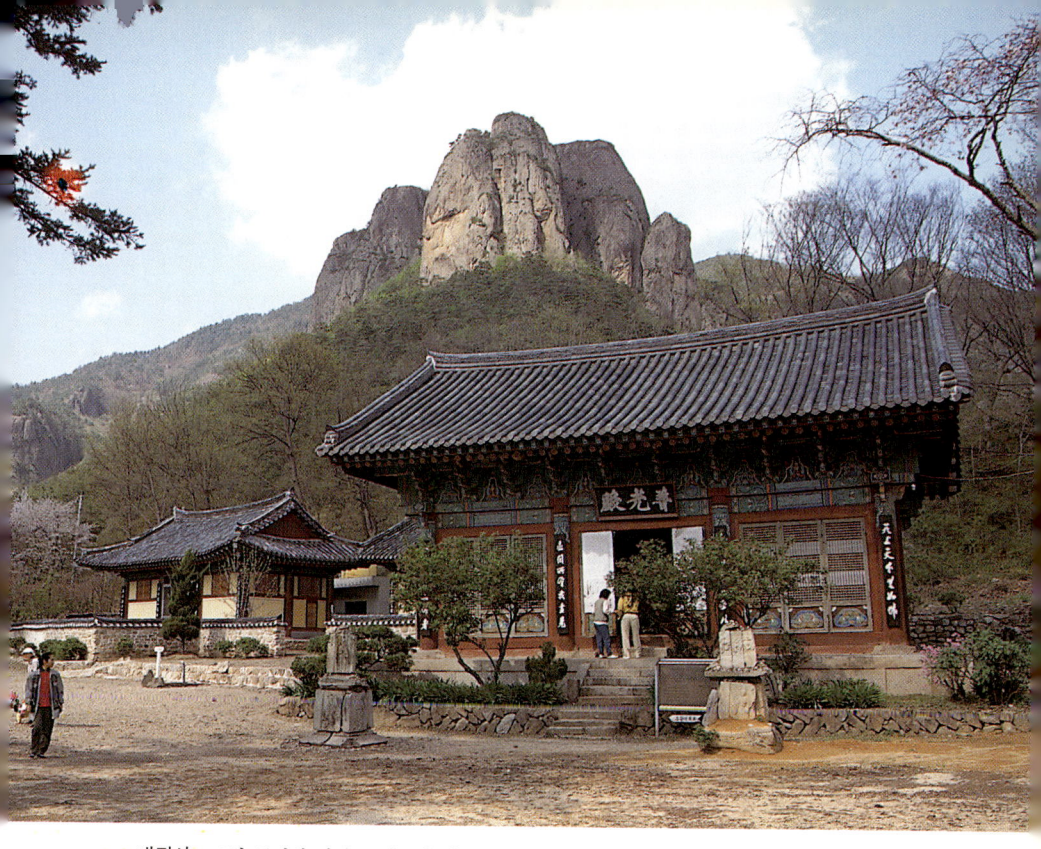

대전사 조선 중기에 화재로 전소된 뒤 중창하여 오늘에 이르고 있는 대전사는 뒤쪽의 기암 괴석과 함께 주왕산의 얼굴이다.

　　주왕산 『택리지(擇里志)』에 '마음과 눈을 놀라게 하고 샘과 폭포가 절경인 산'으로 표현된 주왕산은 길가에 차이는 돌멩이 하나마다 주왕의 전설이 소설처럼 얽혀 있는 산이다. 하지만 역사에는 주왕이 우리나라에 피신하였다는 기록이 없다. 주왕의 애첩 달기가 몸을 던졌다는 달기폭포의 전설도 주왕의 전설과 엮어 보려는 견강부회(牽强附會)에서 생겨난 것으로 보인다.

　　오히려 신라 말기의 김주원(金周元, 생몰년 미상)과 더 연관이 있는 듯한데 김주원은 왕위 계승전에서 김경신(金敬信, ?~798년, 후의 원성

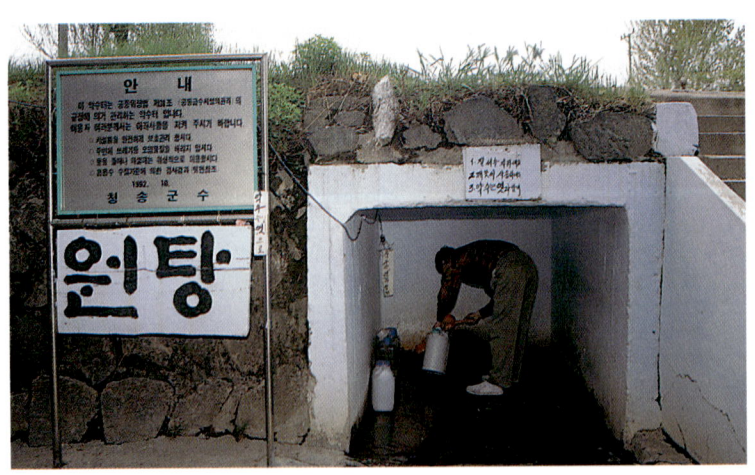

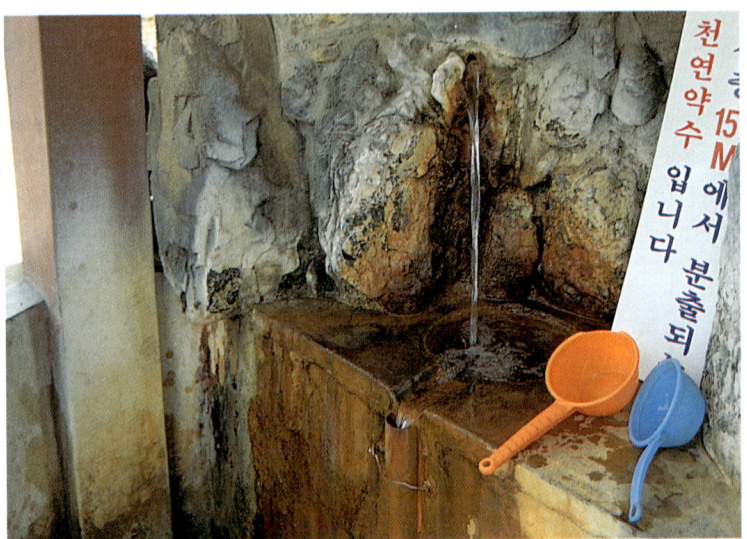

신촌약수 원탕 인적은 적지만 위장병과 위궤양에 특효가 있다고 하여 병을 고치려는 사람들이 많이 찾는다. (맨 위)

신촌약수 여기저기에 흩어져 있는 약수 가운데 부근 마을에 있는 것은 떠먹기 좋게 되어 있다. (위)

왕)에게 패한 뒤 강릉으로 피신하여 강릉 김씨의 시조가 된 인물로 강릉으로 도주할 때 이 산에 머물렀다는 얘기가 있기 때문이다.

신촌약수

달기약수 북쪽 진보면 신촌동에 있는 신촌약수는 달기약수의 유명세에 눌려 인적이 많지는 않지만 위장병과 위궤양 등에 특히 효과가 좋다 하여 병을 고치려는 사람들이 많이 찾는다. 최근에는 위장에 관한 한 달기약수보다 약효가 더욱 뛰어나다는 소문이 돌아 위장병에 걸렸거나 위가 약한 사람들의 발걸음이 잦은 편이다. 주민들은 위장병뿐만 아니라 신경통, 빈혈, 부인병 등에도 잘 듣는다고 말한다.

여기저기에 흩어져서 솟아나는 약수 가운데 인근 마을 안에 있는 것은 떠먹기 좋게 약수집이 지어져 있다. 또 식당에서는 약수로 끓여 주는 닭백숙을 전문으로 하고 있어 쫄깃하고 담백한 맛에 반한 사람들이 자주 찾는다.

30년쯤 전에는 약수터 둘레의 숲이 무성하여 경치도 수려하였지만 요즘은 많이 변하여 옛날의 정취를 느끼기 어렵다. 부근에는 장급 여관이 여럿 있어 주변의 경치도 구경하면서 쉬기에 좋다.

찾아가는 길

신촌약수는 경상북도 청송군 진보면 신촌동에 있다. 청송에서 31번 국도를 타고 안동 쪽으로 13킬로미터쯤 가면 대원주유소가 있는 진안 삼거리가 나온다. 여기서 우회전을 하여 34번 국도를 타고 영덕 쪽으로 9킬로미터쯤 가면 신촌약수 간판이 보인다. 국도변 바로 옆에 있기 때문에 목도 축일 겸하여 들르기에 좋은 곳이다.

초수골약수

영해 봉화산 동쪽 자락에 초수골약수가 있다. 약수의 유래는 오래되었으나 일제시대부터 조금씩 알려지기 시작하였다. 피부병에 효과가 좋다고 하여 비교적 구조를 잘 갖춘 전설을 지니고 있다.

옛날 청송의 부자 손진사가 죽었는데 슬하에는 삼형제가 있었다. 경험이 없던 아들들은 장례를 치르고야 지관을 불러 부친의 묘 자리가 어떤지를 물었다. 지관은 그 묘 자리가 명당이기는 하지만 액운이 끼었다고 하였다. 그 자리에 무덤을 쓰면 자손에서 3정승 9판서가 나오지만 이들 삼형제에게는 불행이 닥친다는 것이다.

이 말을 들은 첫째와 둘째아들은 부친의 묘소를 이장하자고 하였다. 그러나 셋째아들은 비록 우리 형제에게 불행이 닥치더라도 우리 집안에서 3정승 9판서가 나온다니 그대로 두자고 하였다. 삼형제는 두고 보기로 하였다.

그러나 지관의 말은 맞았다. 장례를 지내고 난 3일 뒤 첫째아들이 죽더니 그 며칠 뒤 둘째마저 저세상으로 간 것이다. 비탄과 죄책감에 사로잡힌 셋째아들은 그 길로 집을 나와 방랑의 길을 떠났다. 두 형을 죽게 한 자신의 어리석음을 괴로워하며 온 강산을 3년 동안이나 방랑하였다. 그러면서 셋째는 완전히 걸인과 다를 바가 없게 되었다.

그의 몸은 갈수록 쇠약해졌고 어느날 그는 정신을 잃고 길가에 쓰러졌다. 시간이 얼마나 흘렀을까. 그는 심한 갈증을 느끼며 깨어났다. 그는 저만치에 물이 솟고 있는 것을 보고 다가가 그 물을 마시니 신기하게도 온몸에 기운이 솟는 것을 느꼈다.

이 물이 바로 초수골약수이다. 전설은 여기서 끝나지 않는다.

한편 이 초수골약수 근처에서 멀지 않은 곳에 원진사와 김진사라는 사이 좋은 두 진사가 살고 있었다. 원진사는 아들을, 김진사는 딸을 두었는데 어릴적부터 정혼을 해놓은 사이였다.

이들이 결혼을 앞둔 어느날 신부될 김진사 딸은 꿈을 꾸었다. 산신령이 나타나 '원진사의 아들과 결혼해서는 안 된다'고 하는 것이다. 이를 이상히 여긴 딸은 부모에게 간밤의 꿈 이야기를 하였지만 귀기울여 주지 않았다.

시일이 흘러 혼례가 치러지는 날 아침, 자리에서 일어난 김규수는 깜짝 놀랐다. 그리 곱고 예쁘던 그녀가 하룻밤 사이에 문둥병에 걸린 것이다. 이를 본 부모는 혼인을 파기하고 딸을 멀리 보냈다. 이때 김진사의 딸이 도착한 곳이 바로 초수골약수 부근이었다.

이런 기이한 인연으로 손진사의 셋째아들과 김진사의 딸은 그곳에

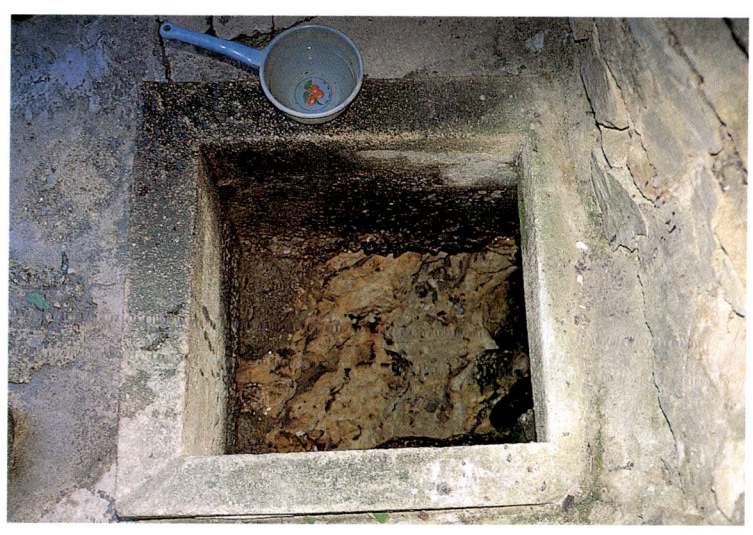

초수골약수 상탕 일제시대부터 조금씩 알려진 약수로 피부병에 좋다고 한다.

서 만나게 되었다. 손진사의 셋째아들은 김진사의 딸을 약수터로 데리고 가서 그 물에 목욕해 볼 것을 권하였다.

권고를 받은 김진사의 딸은 약수로 며칠 동안 목욕을 하였다. 그러자 신기하게도 그녀의 문둥병이 깨끗이 나았다. 몸이 완전히 치유되자 그 동안 정이 쌓이게 된 두 남녀는 서로의 불행한 운명을 두려워하면서도 기쁜 마음으로 부부의 연을 맺었다. 하지만 다음날 눈을 떴을 때 셋째아들은 죽어 있었다.

기구한 운명을 슬퍼하며 집으로 돌아간 그녀는 가족에게 그간의 이야기를 모두 들려 주었다. 가족은 그녀에게 시체를 청송 손진사 집으로 옮겨 장례를 치르게 하고 그녀를 거기에 살게 하였다.

그로부터 열 달이 흐른 뒤 그녀는 남자 세쌍둥이를 낳고 이 아이들로부터 번성한 손진사 가문에서는 지관의 말대로 3정승 9판서가 나와 가문의 명예를 높였다.

3정승 9판서를 낳은 인연을 만든 이 초수골약수에는 상탕과 하탕이 있는데 상탕은 피부질환에 좋고 하탕은 속병에 특효가 있다고 전한다.

그렇다면 김진사 딸이 효험을 본 약수는 상탕이라는 것을 짐작하겠는데 손진사의 셋째아들이 기력을 회복하였다는 약수가 어느것인지는 알 수 없다.

찾아가는 길

초수골약수는 경상북도 영덕군 영해면 대동리에 있다. 영덕에서 7번 국도를 타고 북쪽으로 달리다가 성내에서 좌회전을 하여 영양으로 가는 918번 지방도를 탄다.

2킬로미터쯤 간 뒤 갈매물에서 좌회전하여 대동을 지나면 영해 봉화산자락 초수골 초입에 도착한다.

영덕의 나머지 약수들

　경상북도 영덕군은 약수가 많기로 유명한 곳이다. 비록 규모가 작고 아기자기하지만 나름대로의 전설을 지니고 개개의 특효를 가진 약수들이 모여 있다. 강원도 약수산 부근에 널려 있는 약수터들이 심심 유곡에 자리해 신비로움을 간직하고 있는 것에 비해, 영덕의 약수터는 국도나 큰 길가에 있어 걸음품을 많이 팔지 않고도 쉽게 찾을 수 있다는 장점이 있다.

　영양에서 영해로 가는 길목에 있는 위정약수는 마시면 힘과 용기가 생긴다 하고, 강구에서 3킬로미터쯤 떨어진 눌미약수는 입이 돌아간 데 특효가 있고 교통이 약간 불편한 창수면 신기1동 방기골에 있는 방기골약수는 목이 부은 사람에게 좋다고 한다. 또 남정면 남정동의 남정약수는 눈병과 더위먹은 데 효과가 좋다고 한다.

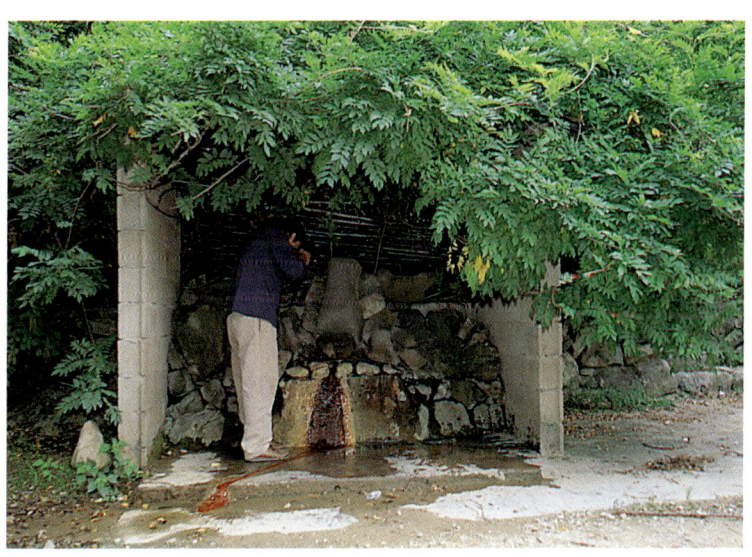

위정약수 영양에서 영해로 가는 길목에 위치하며 마시면 힘과 용기가 생긴다고 한다.

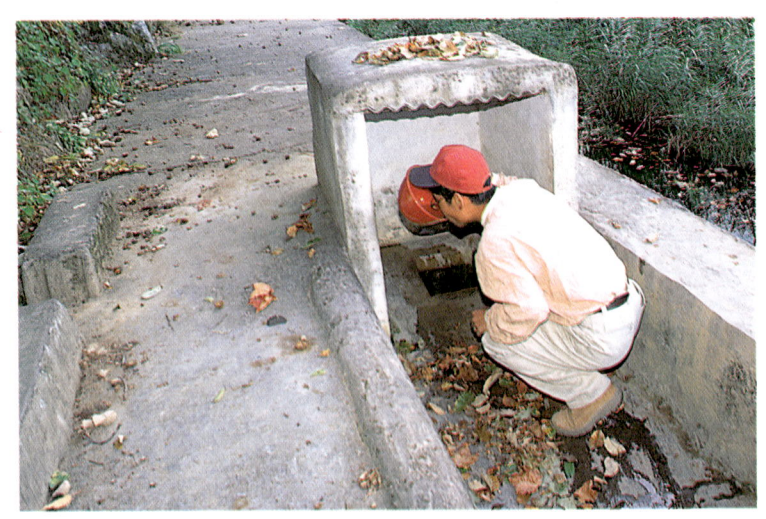

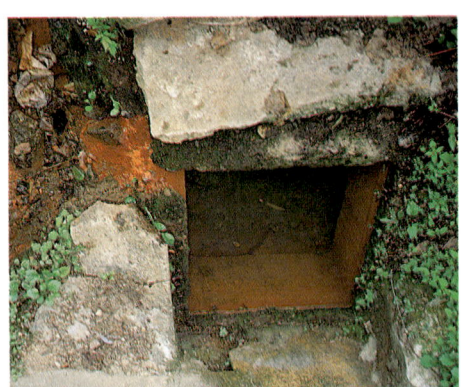

방기골약수 교통은 약간 불편하나 목이 부은 사람에게 좋다고 한다. (위)

눌미약수 강구에서 3킬로미터쯤 떨어졌으며 입이 돌아간 데 특효라고 한다. (왼쪽)

볼 거리

내연산 포항과 영덕의 경계에 있는 내연산은 산세가 완만한 육산이다. 그러나 주계곡인 내연골(청하골)에는 상생폭, 보현폭 등 12개의 폭포가 절경을 이룬다.

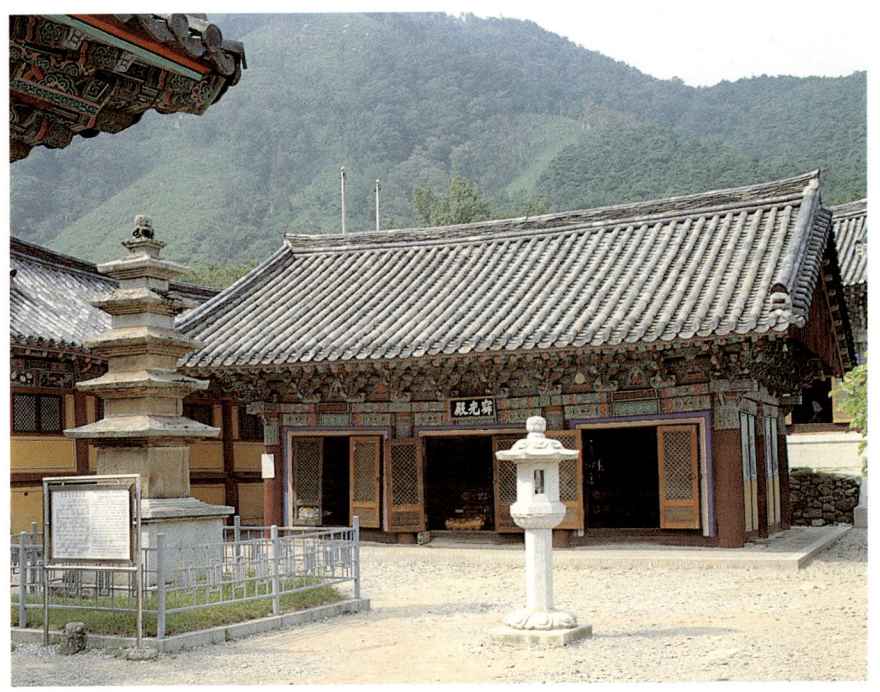

보경사 신라 진평왕 때 지명 법사에 의해 창건되었는데 거울을 간직한 곳이란 뜻에서 '보경사'라 하였다.

여름에 계곡산행으로도 볼 만하며 바다와 가까워 여름에 찾으면 해수욕을 곁들여 즐길 수 있다.

보경사 신라 진평왕 때 지명 법사에 의해 창건되었다. 지명 법사가 진나라에서 돌아오면서 신비한 팔면경을 가져와 내연산 아래 큰 연못에 묻었다. 그 위에 금당을 세운 뒤 사찰을 짓고 거울을 간직한 곳이란 뜻에서 보경사라 하였다. 보물로 지정된 원진국사비와 원진국사 사리탑이 있으며 조선 숙종의 어필이 담긴 어각도 있다. 경내에는 노송 군락과 벚나무, 탱자나무 등이 울창하여 고찰다운 면모를 보여 준다.

장기곶 등대박물관 영일만의 푸른 파도를 안고 도는 장기곶에는 1903년 세워진 국내 최대의 등대와 국내 유일의 등대박물관이 있다.

1985년에 세워진 이 박물관에는 빛을 비추는 등명기와 등명기를 돌리는 회전기 등 등대에 사용된 구식 시설물까지 국내외 자료 총 700여 점이 소장되어 있다. 아이들과 함께 갔을 때는 잊지 말고 들러 보자.

장기곶은 우리나라를 호랑이 형국으로 보았을 때 그 꼬리에 해당한다. 조선 명종 때의 유명한 지관인 남사고는 장기곶을 호미등(虎尾燈)이라 하였고 현재까지 그 지명이 남아 있다. 이는 일본인 지리학자 고토 분지로(小藤文次郞, 1856~1935년)의 한반도 토끼형국론에서 나오는 토끼 꼬리를 일축해 버리는 증거가 된다.

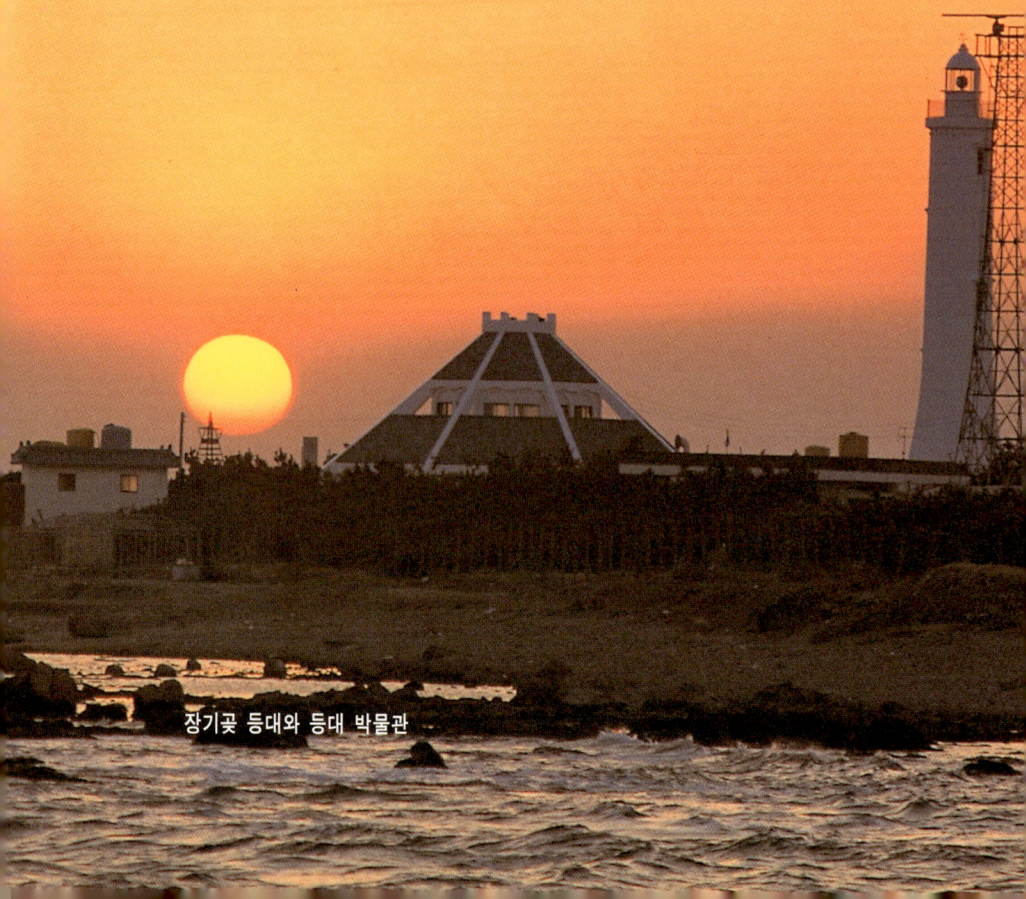

장기곶 등대와 등대 박물관

도동약수

동해 바다 저 멀리 외로이 떠 있는 섬 울릉도. 그 아름다운 섬에 아직 널리 알려지지는 않았지만 약수가 하나 있다. 울릉도의 관문인 도동의 약수공원에 있는 도동약수는 사이다맛에 쇳내가 많이 난다.

쇳내가 나는 데는 전해지는 전설이 있는데 옛날 왜군과 싸우던 장군이 죽은 다음 그 장군이 입고 있던 갑옷을 도동약수터 근처에 묻었다. 그 쇠로 된 갑옷이 삭아서 약수에 섞여 흘러내리게 되었고 그것이 솟아나는 것이 도동약수라는 것이다.

도동약수에는 소화와 제산 작용을 하는 성분이 섞여 있어 자주 마시면 위장병이 낫고 몇 달 동안 목욕하면 나병도 고칠 수 있다고 한다. 또 이 약수로 밥을 지으면 푸르스름한 빛을 띠고 커피를 끓이면 암흑색이 되며, 하루쯤 지나면 녹물이 섞인 것처럼 변한다.

약수공원에는 울릉도의 민속 유물과 선조들의 생활상을 보여 주는 향토사료관, 소공원, 전망 광장, 기념비 광장, 향토수목원, 체육공원 등의 편의 시설이 있다. 그리고 울릉도를 지켜낸 안용복 장군의 기념비를 볼 수 있다.

또 울릉도 동쪽 저동에는 내수전약수가 있다. 내수전이란 이름은 옛날 그곳이 김내수라는 사람의 밭이 있던 자리라서 붙여진 이름이라고 한다. 이 약수는 위장병과 피부병에 특효가 있고 약수터가 있는 계곡 근처에는 약수로 만든 백숙을 파는 식당도 있다.

도동약수 수질 분석표(단위 mg/l)	
당류 0.05	칼슘 80.0
마그네슘 3.6	염소 53.3
철분 0.15	탄산 2.88

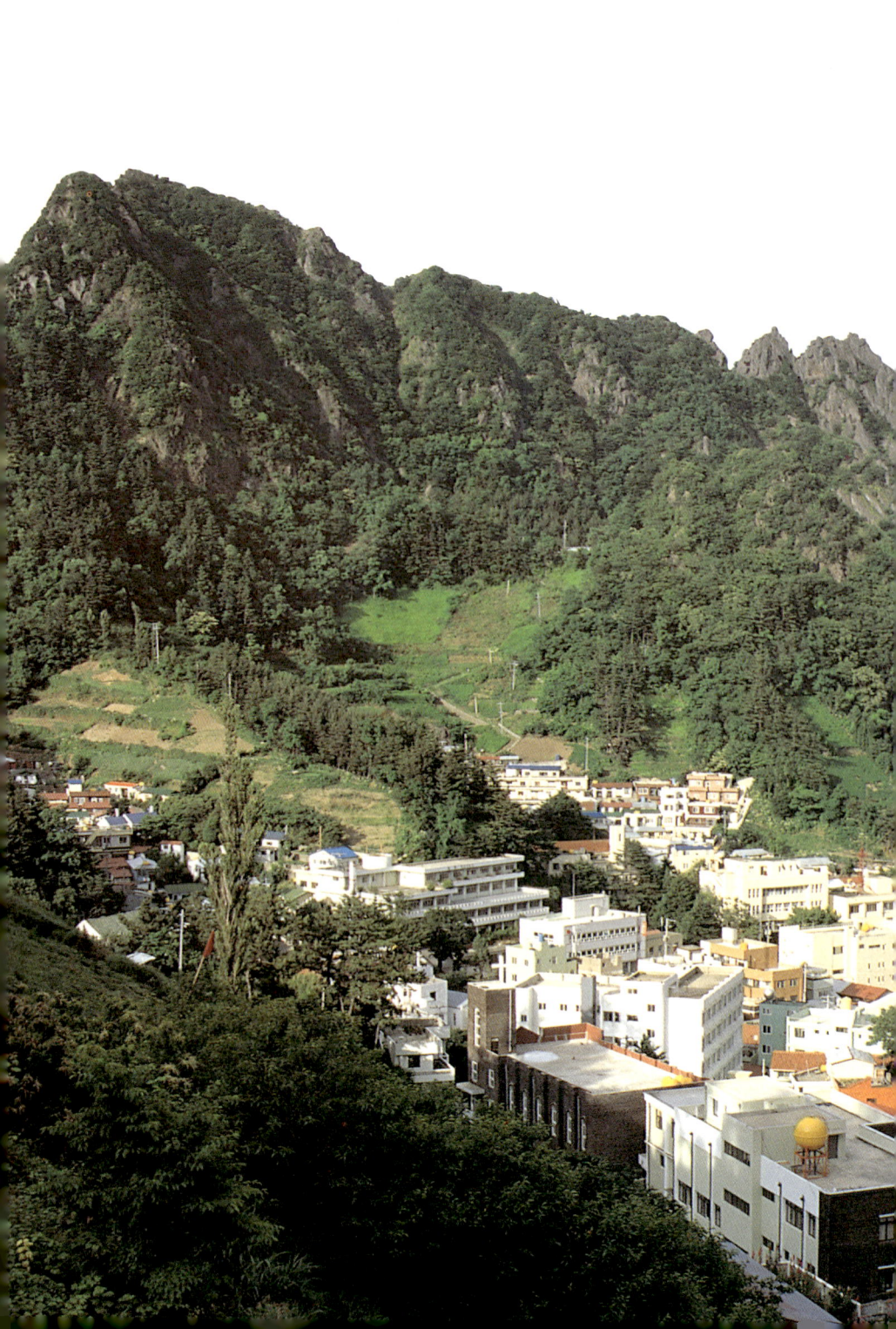

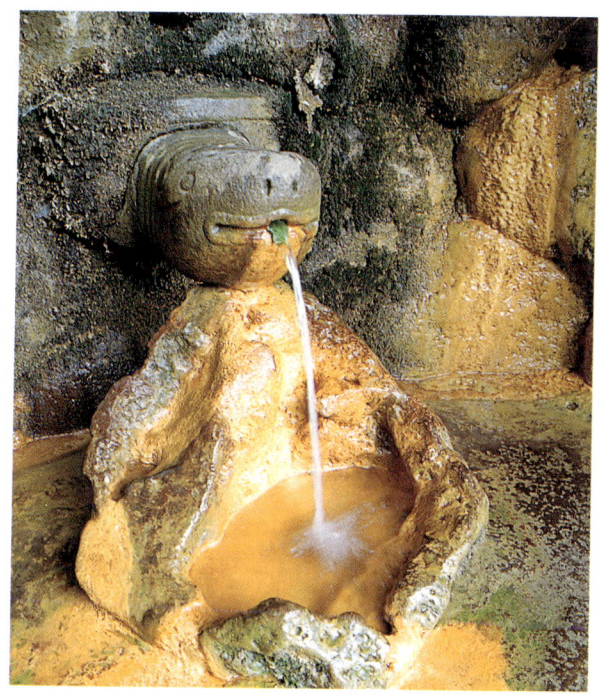

도동약수 울릉도의 관문인 도동에 있으며 옛날 왜군과 싸우던 장군이 입었던 갑옷을 근처에 묻어 삭아서 흘러내리는 물이 도동약수라는 전설이 있다.

찾아가는 길

도동약수는 경상북도 울릉군 울릉읍 도동에 있으며 포항, 묵호, 후포 그리고 속초에서 울릉도 도동까지 들어가는 배편으로 갈 수 있다. 배편으로 가는 것이 오래 걸린다고 생각하는 사람은 강릉 비행장에서 헬기를 이용할 수도 있다.

볼 거리

울릉도 울릉도는 약수만 맛보러 가기에는 너무 먼 곳이지만 섬 자체를 국립공원으로 지정하자는 의견이 나올 정도로 희귀한 동식물의

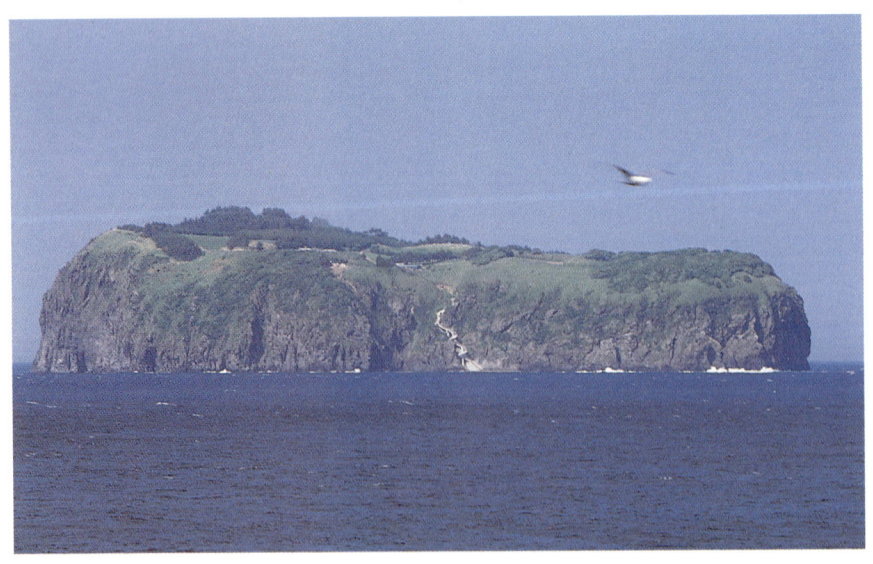

죽도 울릉도 동쪽에 있는 아름다운 섬이다. 울릉도의 부속도로 화산 활동으로 이루어진
암도(巖島)이다.

보고일 뿐만 아니라 육지와는 사뭇 다른 감흥을 받을 수 있는 곳이다.
　도동이 울릉도의 행정 중심지라면 저동은 동해 최대의 어업 전진기
지로서 성어기에는 전국에서 모인 오징어잡이배들로 성황을 이룬다.
그 야경은 평생 다시 못 볼 장관이다.
　울릉도는 겨울이 따뜻하고 여름이 시원하며 도둑, 거지, 뱀 세 가지
가 없고 향나무, 바람, 미인, 물, 돌 등 다섯 가지가 많다고 한다. 또
한 여행의 묘미를 만끽할 수 있는 섬으로 걷는 데 자신이 있는 사람이
라면 울릉도 해안을 도보로 일주해 볼 것을 권하고 싶다. 1박 2일 정도
면 넉넉하다. 흑비둘기 서식지, 통구 미향나무 자생지, 성하 신당 등을
보며 울릉도의 매력을 한껏 느낄 수 있다. 20만 평이 넘는 나리분지에
는 문화재로 지정된 너와집과 투막집이 있다.

초정약수

"이 물 한 번 드셔 보셔유……."

청주 사람들은 외지 사람이 오면 일단 초정약수터로 데리고 가 물맛을 보여 줄 정도로 이 약수를 사랑한다. 구수한 사투리에 곁들이는 물맛은 말 그대로 일품이다.

초정약수는 수질이 매우 뛰어나 미국의 샤스터광천, 영국의 나포리나스광천과 함께 세계 3대 광천의 하나로 꼽히고 있다. 또 미국식품의약관리국(FDA)의 검사에서 세계적인 미네랄워터로 공인받기도 하였다. 이제는 세계적인 『브리태니커』 사전에 오를 정도이며 '동양의 신비한 물'로 각광받고 있다. 초정이라는 지명도 후추처럼 톡 쏘는 물이 나오는 우물이라는 뜻에서 유래하였다고 한다.

초정약수비 약수터 초입에는 '세계 3대 광천수'로 인정받은 초정약수를 기념하는 비가 서 있다. 이제는 국내뿐 아니라 세계적인 약수가 되었다.

초정약수는 고혈압, 당뇨병, 위장병, 피부병, 안질 등에 효험이 있다고 한다. 아무리 자랑해도 모자라는 이 약수의 성분을 보면 단순탄산과 중탄산이 다량 함유되어 있고 각종 미네랄 이온과 천연 탄산가스가 풍부하게 들어 있는 탄산수이다. 또 노쇠한 세포를 자극하여 몸안의 기능을 활성화하고 특히 혈압을 정상화시키는 데 중요한 구실을 하는 성분이 들어 있다.

이 약수는 지하 50 내지 100미터 지점에서 석영암반을 뚫고 솟아나기 때문에 물맛에 치명적인 잡수가 끼여들 틈이 없고 자체 탄산가스가 살균 작용을 하기 때문에 아주 위생적이다.

발견된 지 600여 년이 된 초정약수는 일찍이 고려시대부터 그 신비한 효능이 전설처럼 전해 내려왔다. 조선시대 들어서면서 민간에 본격

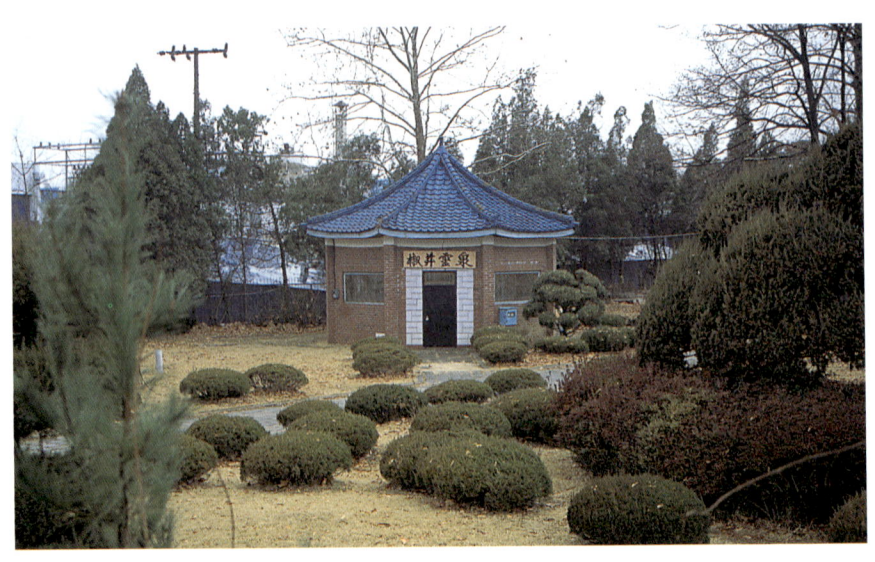

초정약수 원탕 기업에서 원탕을 관리하기 때문에 일반인들은 이곳에서 직접 물을 마실 수는 없지만 부근의 여러 식당에서 물을 끌어올려 일반인들에게 제공하고 있다.

적으로 알려지기 시작하였는데 이것은 옛 기록에서도 찾아볼 수 있다.

『동국여지승람』 제1권에는 "초정약수는 청주고을 동쪽 39리에 있는데 그 맛이 후추와 같으면서 차고 그 물에 목욕을 하면 병이 낫는다. 세종과 세조가 일찍이 이곳에 행차한 일이 있다"라는 기록이 있다. 특히 세종은 이곳에 행궁을 차리고 60일 동안 이 약수를 마셔 병을 고쳤다고 한다. 현재 이곳의 약수와 지하수를 개발, 관리하고 있는 (주)초정약수에서는 세종대왕이 요양하였다는 행궁도 함께 보수하여 관리하고 있다.

이 약수가 본격적으로 개발된 것은 일제시대인 1912년이다. 일본인들이 이곳의 물을 채취하여 청량음료로 개발, 판매하였기 때문이다. 한 컵만 마셔도 갈증을 달랠 수 있다는 점 때문에 생산량의 대부분은 전쟁 중인 일본군의 군수물지로 보급되었다. 또 광복 뒤에는 약수에 대한 이권 분쟁으로 법정 시비가 일어날 정도로 가치 있는 약수터이다.

초정약수 원탕은 우리나라에서 제일 큰데 지금은 여러 기업체에서 상품화하여 생산하고 있다. 따라서 일반인들은 이 원탕에서 직접 물을 마실 수 없다.

원탕 부근의 초정리 일대는 '초정약수 지역'으로 설정되어 있다. 부근의 여러 식당에서는 물을 끌어올려 일반인들에게 제공하고 있는데 물맛은 원탕에서 나오는 것보다 다소 약하지만 그래도 아쉬우나마 갈증을 달랠 수 있다. 이런 식당에서는 약수로 요리한 닭백숙 같은 음식들을 판다. 1995년 11월에는 청원군 초정리 약수터 부근 116만 평방미터가 관광지구로 지정되었다.

찾아가는 길

초정약수는 충청북도 청원군 북일면 초정리에 있다. 청주에서 36번 국도를 따라 북쪽으로 12킬로미터쯤 가다 내수삼거리에서 우회전을 하여 511번 지방도를 따른다.

충청북도의 자랑이니만큼 잘 세워져 있는 약수 팻말을 따라 6킬로미터쯤 가면 초정약수터가 나온다.

초정약수 수질 분석표(단위 PPM)	
PH 7.3	알미늄 0.53
게르마늄 0.5	리듐 0.04
세레늄 1.0	나트륨 7.55
칼슘 42.3	스트론듐 0.08
마그네슘 2.2	바륨 0.05
칼륨 1.0	크롬 0.05
바나디움 0.05	코발트 0.05
철분 0.1	은 0.05
구리 0.01	규소 20.2
아연 0.06	황산기 0.5
니켈 0.05	인산 0.35
망간 0.36	염소 22.7

볼 거리

상당산성 청주 동쪽 상당산에 빚어 놓은 산줄기에 세워진 산성이다. 원래 그 자리에 백제시대의 토성이 있었던 것으로 추측되며 여러 번 개축을 하면서 현재의 모습으로 바뀌었다. 청주시민들의 휴식 공간으로 많이 이용된다.

성의 누각에 오르면 서쪽으로 청주 시내가 한눈에 들어와 중요한 역할을 하였던 산성임을 알 수 있다. 청주와 인근 도시의 연인들이 데이트 코스로 즐겨 찾는 곳이다.

명암약수

　청주 시내에 속하면서 상당산성 근처에 있는 명암약수는 초정약수의 위세에 눌려 널리 알려지지는 않았지만 청주에서 가깝기 때문에 사람들이 그런대로 찾아온다. 매표소까지 마련해 놓고 있지만 크게 인기 있는 약수터는 아니다. 지하 동굴의 암반 사이에서 사시사철 일정하게 물

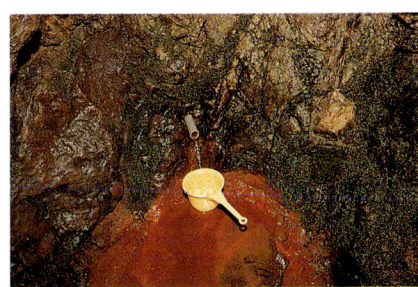

명암약수 　지하 동굴의 암반 사이에서 사시사철 일정하게 물이 흘러나온다. 왼쪽은 명암약수가 흘러나오는 모습이다.

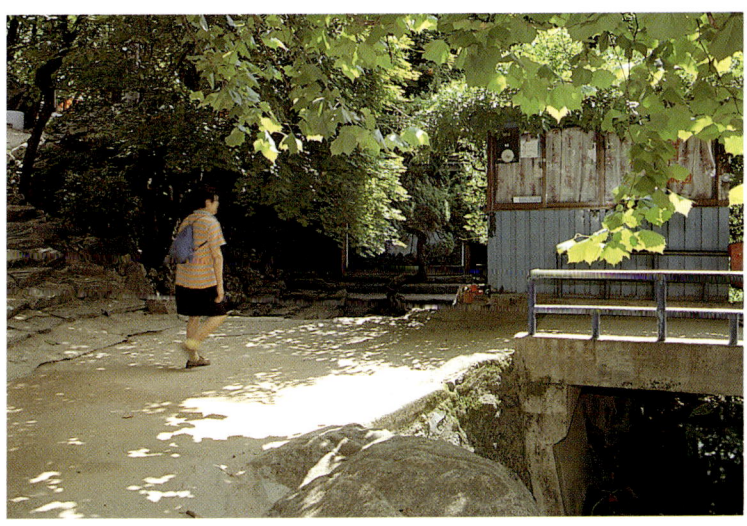

이 흘러나오는 명암약수는 마을 사람 곽응종 씨가 발견하였다고 한다.

어느날 꿈에 하늘의 선녀들이 하늘나라에서 계곡으로 내려와 목욕하였다. 그가 꿈에서 깨어나 그곳을 찾아가 보니 백발 신선이 어떤 자리를 가리키고 있었다. 그래서 그곳을 팠더니 약수가 솟아올랐다고 한다.

철분 냄새가 나는 이 약수는 톡 쏘는 맛이 있는데 위장병, 피부병, 당뇨병, 빈혈 등에 효험이 있는 것으로 알려져 있다. 또 과음 후 마시면 끄떡없다는 말이 있어 청주 술꾼들이 많이 찾는다.

찾아가는 길

명암약수는 충청북도 청주시 명암동에 있다. 청주에서 512번 지방도를 따라 상당산성으로 방향을 잡아 5킬로미터쯤 가면 약수터가 나타난다. 약수터 부근에는 호텔과 음식점 등이 즐비하게 서 있는데 약수터 때문이 아니라 상당산성을 구경하고 들르는 사람들을 위한 시설이다.

명암약수 수질 분석표(단위 mg/l)	
구리 0.01	아연 0.06
철 1.32	망간 0.81
납 0.02	pH 5.8

약수의 보존과 미래

"환경오염 큰일 났다…… 죽은 물이 흐르는 전국의 강."

수질 오염의 심각성을 다룬 어느 신문 기사의 제목이다. 이는 조금도 과장된 이야기가 아니다. 실제로 지금 이 순간에도 전국의 강은 죽어가고 있다.

이처럼 수원(水源)에 대한 불신으로 국민들은 수돗물을 먹지 않은 지 오래이다. 그래서 새벽이면 동네 뒷산 샘터는 물을 받으려는 사람들로 장사진을 이루고, 생수가 불티나게 팔리며, 돈을 주고 약수를 배달해 먹기도 한다. 약수터에 사람들이 몰리는 까닭도 오염 안 된 맑은 물을 얻으려는 절실한 마음 때문이다. 더군다나 약수는 위장병과 피부병 등에 효과가 있다고 알려져 있으니 약수를 원하는 마음은 더하다.

그러나 약수터의 시질학직인 특성이니 약수의 성분 분서은 물론, 소문으로만 떠도는 약수의 효능에 대한 과학석인 연구가 제대로 이루어진 적은 거의 없다. 다만 세계 3대 광천수의 하나인 초정약수만 미미하나마 연구가 이루어지고 있을 뿐이며, 어떤 물이 약수로 불릴 수 있는가 또한 알려지지 않았기 때문에 약수에 대한 올바른 판단에 어려움을 겪는다.

전국에 산재해 있는 약수 가운데에는 이미 오염이 되어 더 이상 식수로 부적합한 것도 있고 초정약수처럼 상품화시킬 수 있는 것도 있다. 따라서 앞으로 공신력 있는 국가 기관의 주도로 예산을 투자하고 약수를 과학적으로 분석하여 국민들이 안심하고 먹을 수 있는 보다 정확한 근거를 제시하는 노력이 있어야 한다. 특히 약수라면 무조건 좋은 줄 알고 있는 국민들의 건강을 위해서도 이 작업은 하루 속히 이루어져야 한다.

이런 조사에서 건강에 해로운 성분이 있는 것으로 판정이 난 약수는 반드시 폐쇄하되, 과학적 임상 실험을 거쳐 진짜로 약효가 증명된 약수는 잘 보존시켜 국민의 건강 증진을 위해 보급해야 한다. 또 질이 좋은 약수는 상품화하여 국제 시장에 내놓는다면 국가 수익 증대에도 한몫을 할 수 있을 것이다.

약수터 지도 모음

오색약수

개인약수 · 필례약수 · 방동약수

삼봉약수

방아다리약수 · 신약수

불바라기약수 · 갈천약수

화암약수

추곡약수

오전약수

달기약수

신촌약수

초수골약수 · 방기골약수 · 늘미약수 · 남정약수 · 위정약수

초정약수 · 명암약수

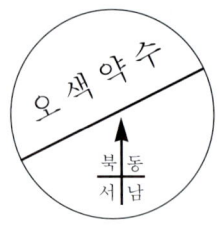

오색약수

북 동
서 남

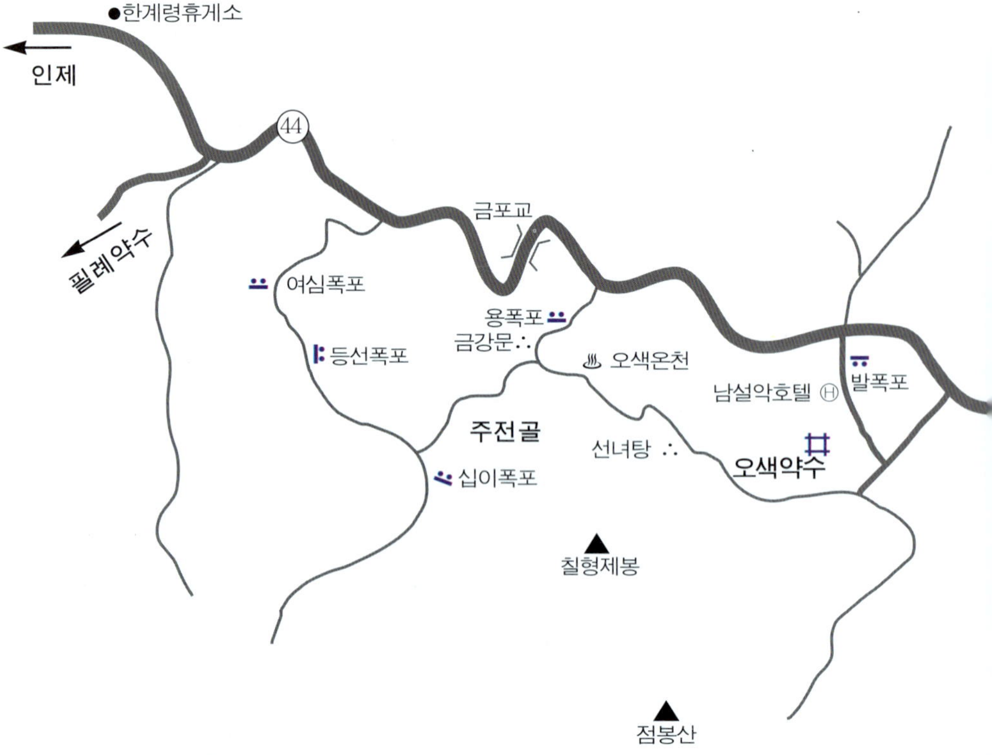

●한계령휴게소

←인제

44

←필레약수

금포교

여심폭포

용폭포
금강문

등선폭포

오색온천

남설악호텔 ㉛ 발폭포

주전골

선녀탕

오색약수

십이폭포

▲칠형제봉

▲점봉산

범 례

914	지방도	㉛	국도
◉	도청소재지	■	건물
╍	폭포	∴	명승지
♯	약수	⌐	학교
⚓	나루터	▲	산
P	주차장	)(	다리

설악산

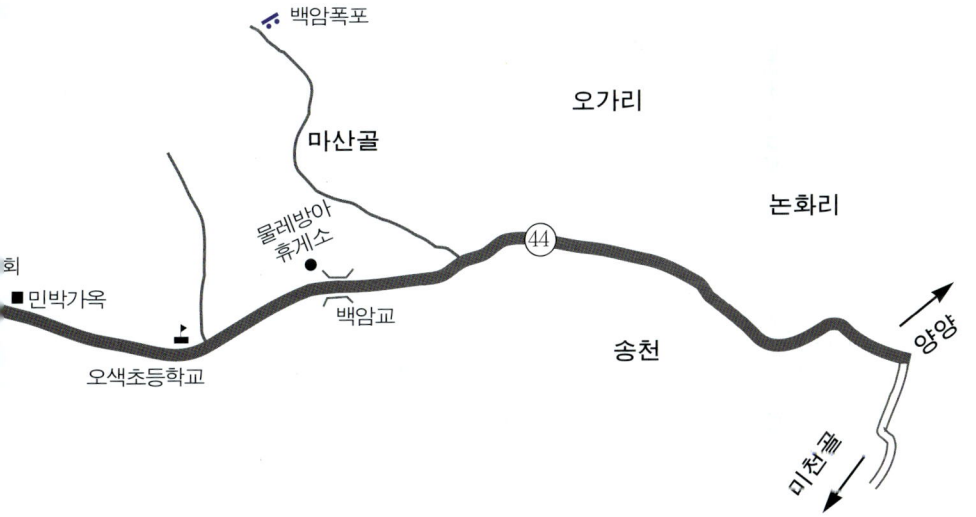

백암폭포

오가리

마산골

논화리

물레방아
휴게소

㊹

회
■ 민박가옥

송천

백암교

오색초등학교

양양

미천골

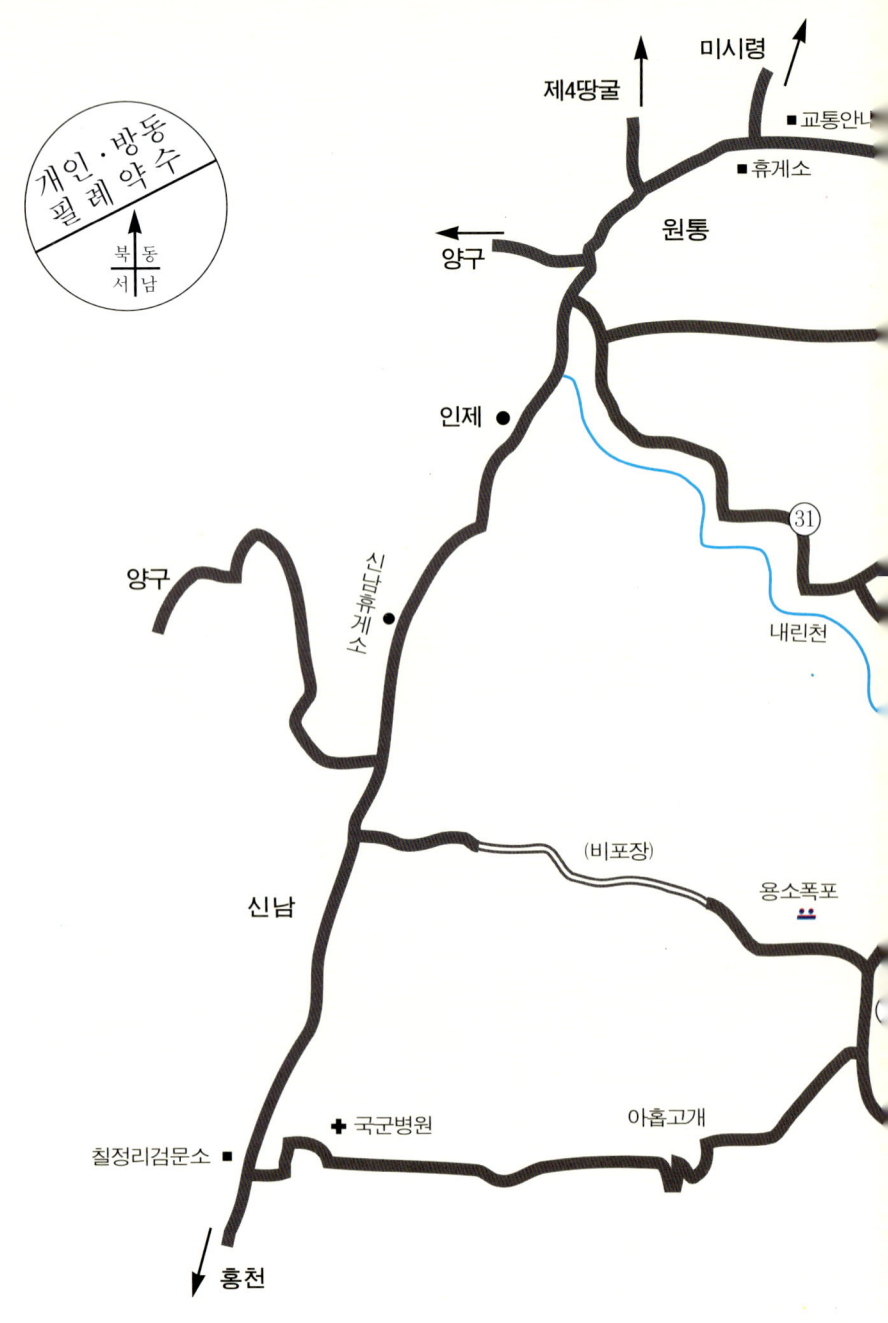

개인·방동
팔례 약수

북 동
서 남

미시령
제4땅굴
■ 교통안내
■ 휴게소
원통
양구
인제 ●
③①
양구
신남휴게소
내린천
(비포장)
용소폭포
신남
국군병원
아홉고개
칠정리검문소 ■
홍천

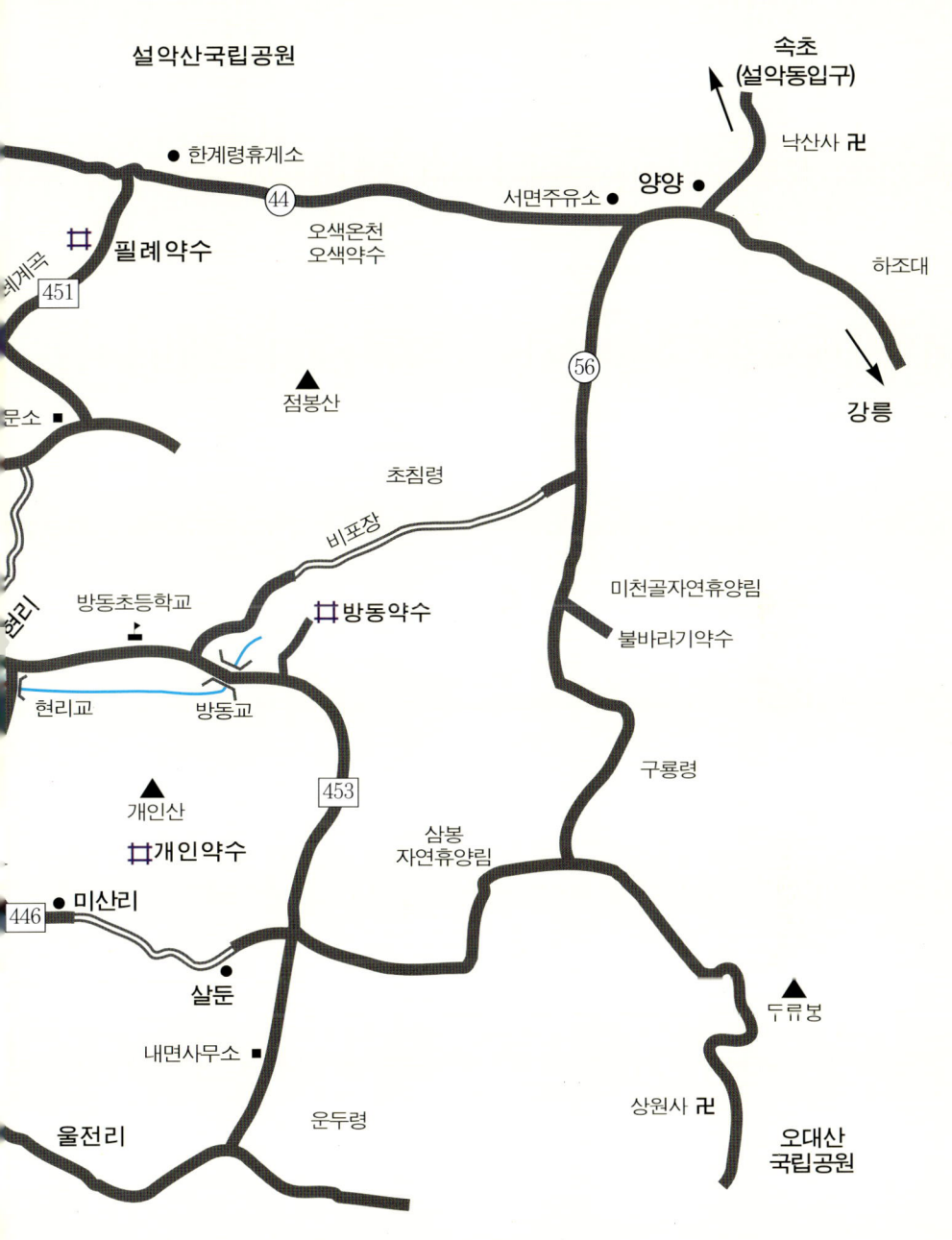

설악산국립공원

한계령휴게소

속초
(설악동입구)

낙산사 卍

서면주유소 ● 양양 ●

44

필례약수

오색온천
오색약수

하조대

451

56

강릉

점봉산

초침령

미천골자연휴양림

비포장

불바라기약수

방동초등학교

방동약수

현리교   방동교

구룡령

453

개인산

삼봉
자연휴양림

개인약수

446 ● 미산리

살둔

두류봉

내면사무소

상원사 卍

울전리   운두령

오대산
국립공원

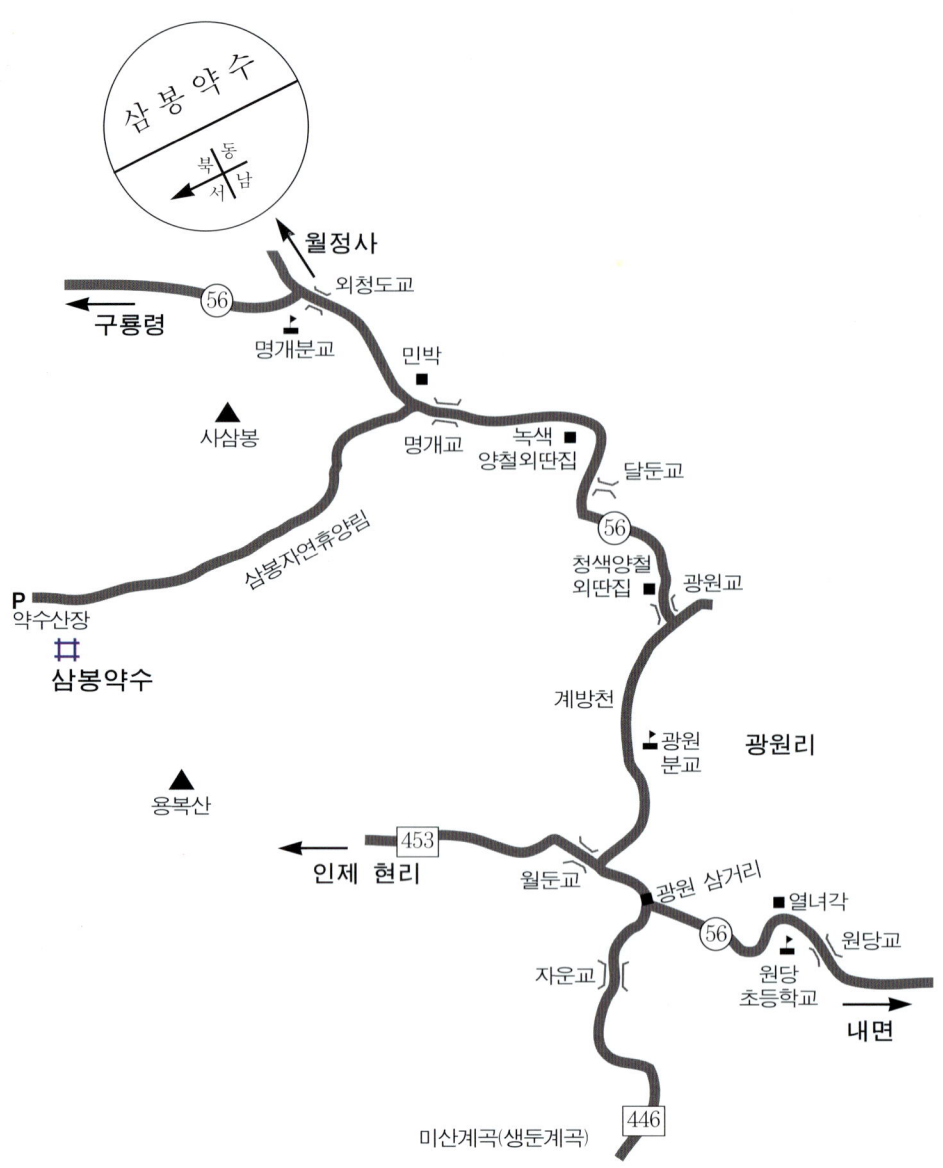

삼 봉 약 수

북 동
서 남

월정사

56 외청도교

구룡령

명개분교

민박

사삼봉

명개교   녹색
        양철외딴집   달둔교

56

청색양철   광원교
외딴집

삼봉자연휴양림

P
약수산장

계방천

삼봉약수

광원
분교   광원리

용복산

453

인제 현리   월둔교   광원 삼거리   열녀각

56   원당교

자운교   원당
        초등학교   내면

446

미산계곡(생둔계곡)

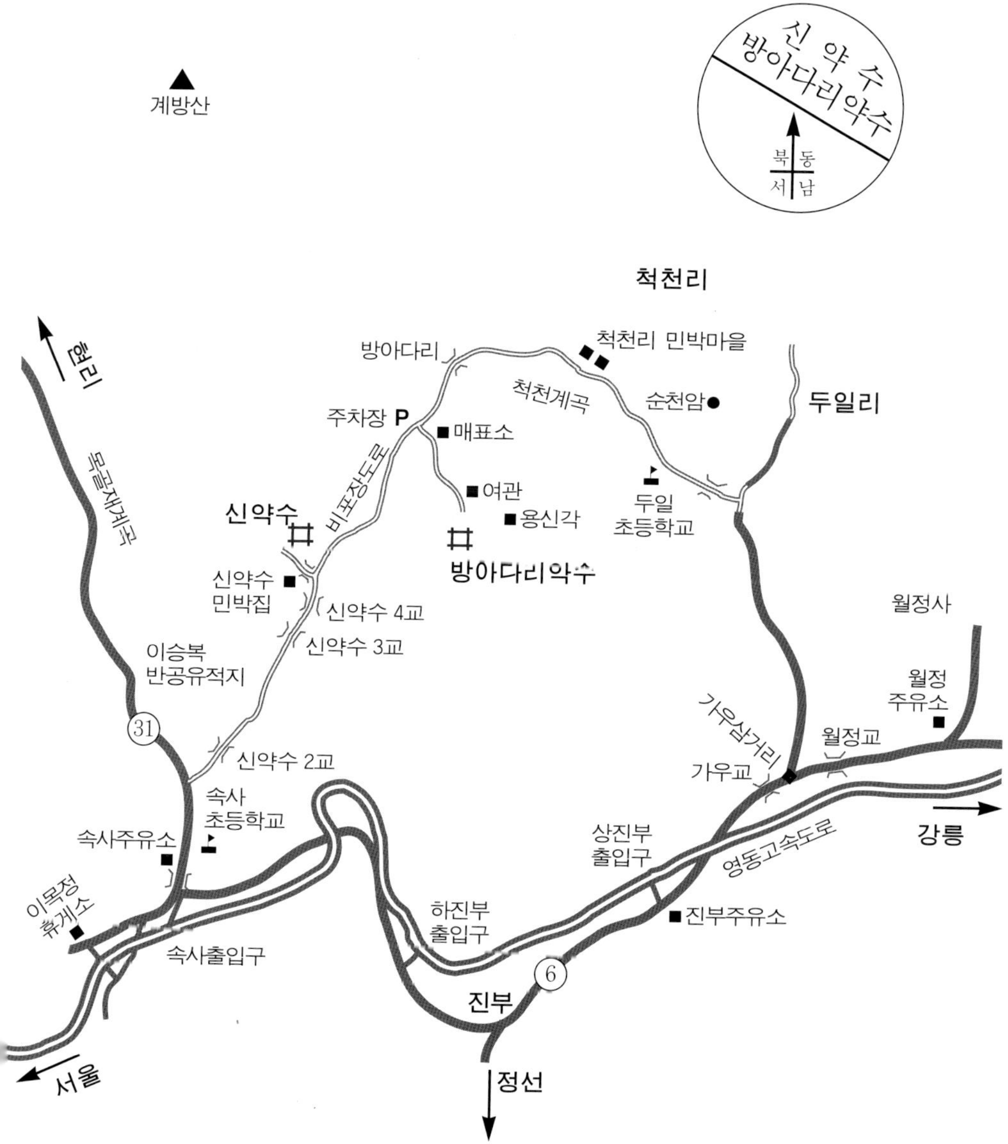

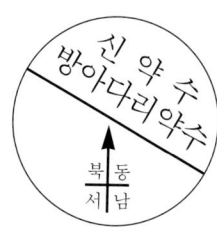

신 약 수
방아다리약수

북 동
서 남

▲ 계방산

척천리

방아다리

주차장 P
비포장도로

■ 매표소

■ 척천리 민박마을

척천계곡

순천암 ●

두일리

신약수
卍

■ 여관
● 용신각

卍
방아다리약수

▶■
두일
초등학교

신약수
민박집 ■

┤ 신약수 4교
신약수 3교

이승복
반공유적지

목골재계곡

현리

월정사

월정
주유소 ■

신약수 2교

가우삼거리
가우교

월정교

31

속사
초등학교 ■▶

속사주유소 ■

이목정
휴게소 ■

속사출입구

하진부
출입구

상진부
출입구

영동고속도로

■ 진부주유소

강릉

진부

서울

6

정선

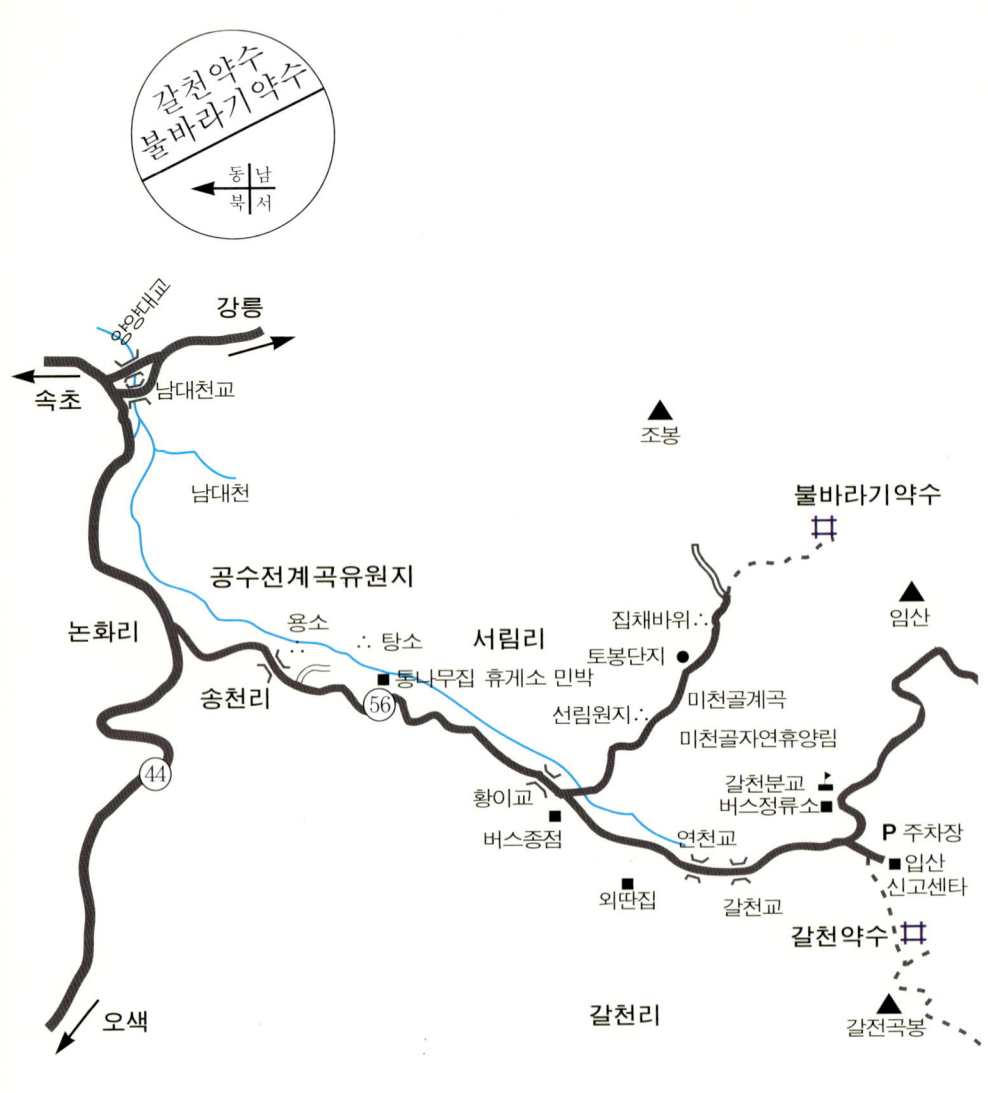

갈천약수
불바라기약수

동 남
북 서

강릉

양양대교

남대천교

속초

남대천

조봉

불바라기약수

공수전계곡유원지

논화리

용소 ∴ 탕소

서림리

집채바위 ∴

토봉단지 ●

임산

송천리

56

통나무집 휴게소 민박

선림원지 ∴

미천골계곡

미천골자연휴양림

44

황이교

버스종점

연천교

갈천분교
버스정류소

P 주차장

입산
신고센타

오색

외딴집

갈천교

갈천약수

갈천리

갈전곡봉

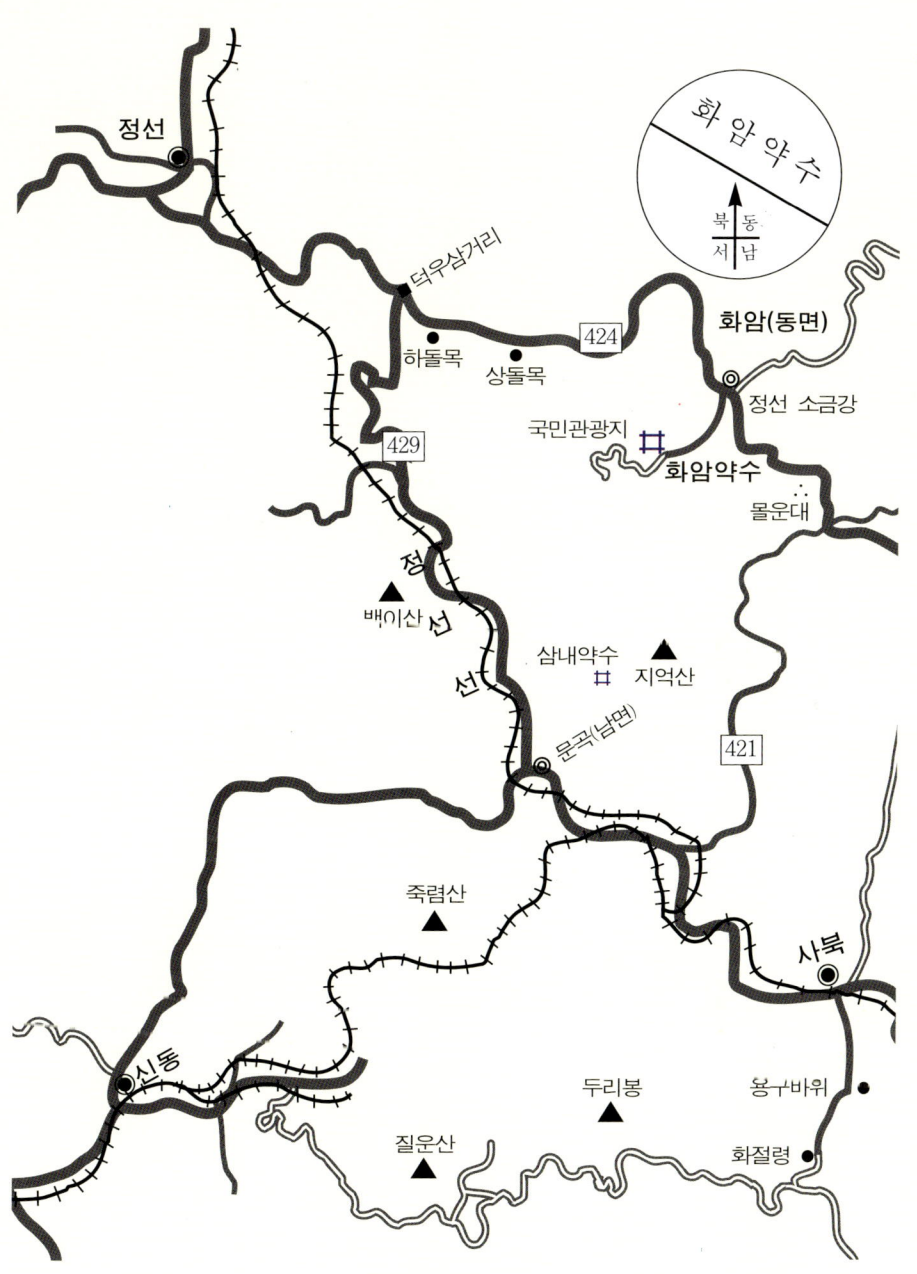

화 암 약 수

북 · 동
서 · 남

정선

덕우삼거리

하돌목   상돌목

424

화암(동면)

정선 소금강

국민관광지

화암약수

몰운대

429

정

백이산

선

선

삼내약수

지억산

문곡(남면)

421

죽렴산

사북

신동

두리봉

용구바위

질운산

화절령

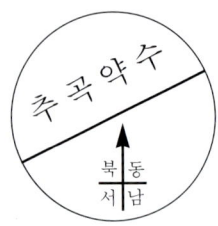

추곡약수

북 동
서 남

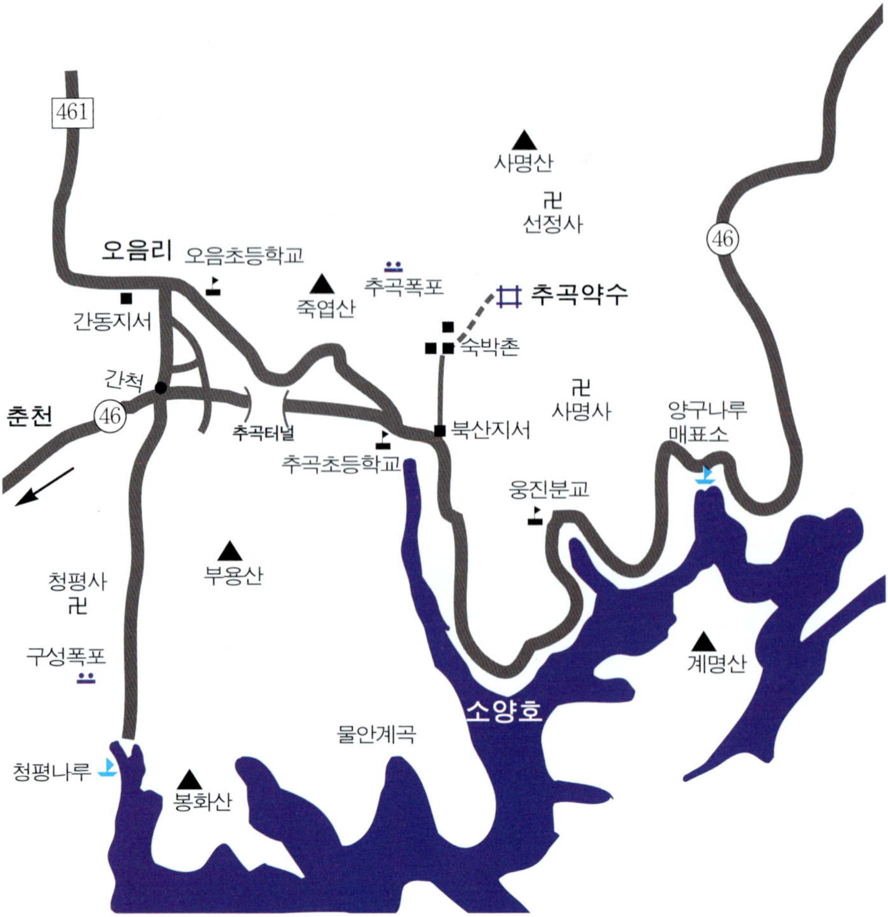

461

사명산 ▲

권
선정사

46

오음리   오음초등학교
▶■
추곡폭포
간동지서   죽엽산 ▲   ⛲   ♨ 추곡약수

■■
■ 숙박촌

간척
춘천 46   북산지서   권
                                      사명사
        추곡터널   양구나루
        ▶■   웅진분교   매표소
        추곡초등학교   ⚓

청평사
권   부용산 ▲   계명산 ▲

구성폭포
♨   소양호

청평나루 ⚓   물안계곡
        봉화산 ▲

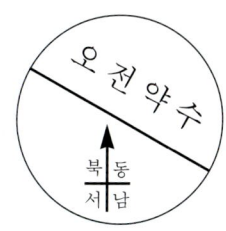

오 전 약 수

북 동
서 남

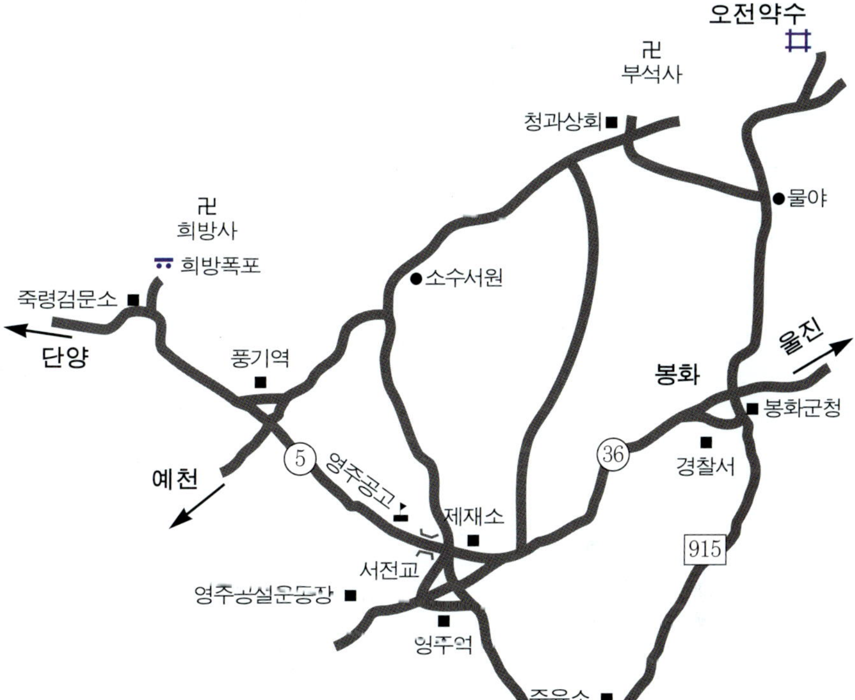

오전약수 卍

卍
부석사

청과상회 ■

● 물야

卍
희방사

┬┬ 희방폭포

죽령검문소 ■

소수서원 ●

단양

풍기역 ■

울진

봉화

봉화군청 ■

5 영주공고

예천

제재소

경찰서

915

서전교

영주공설운동장 ■

영주역 ■

주유소 ■
옛고개

안동

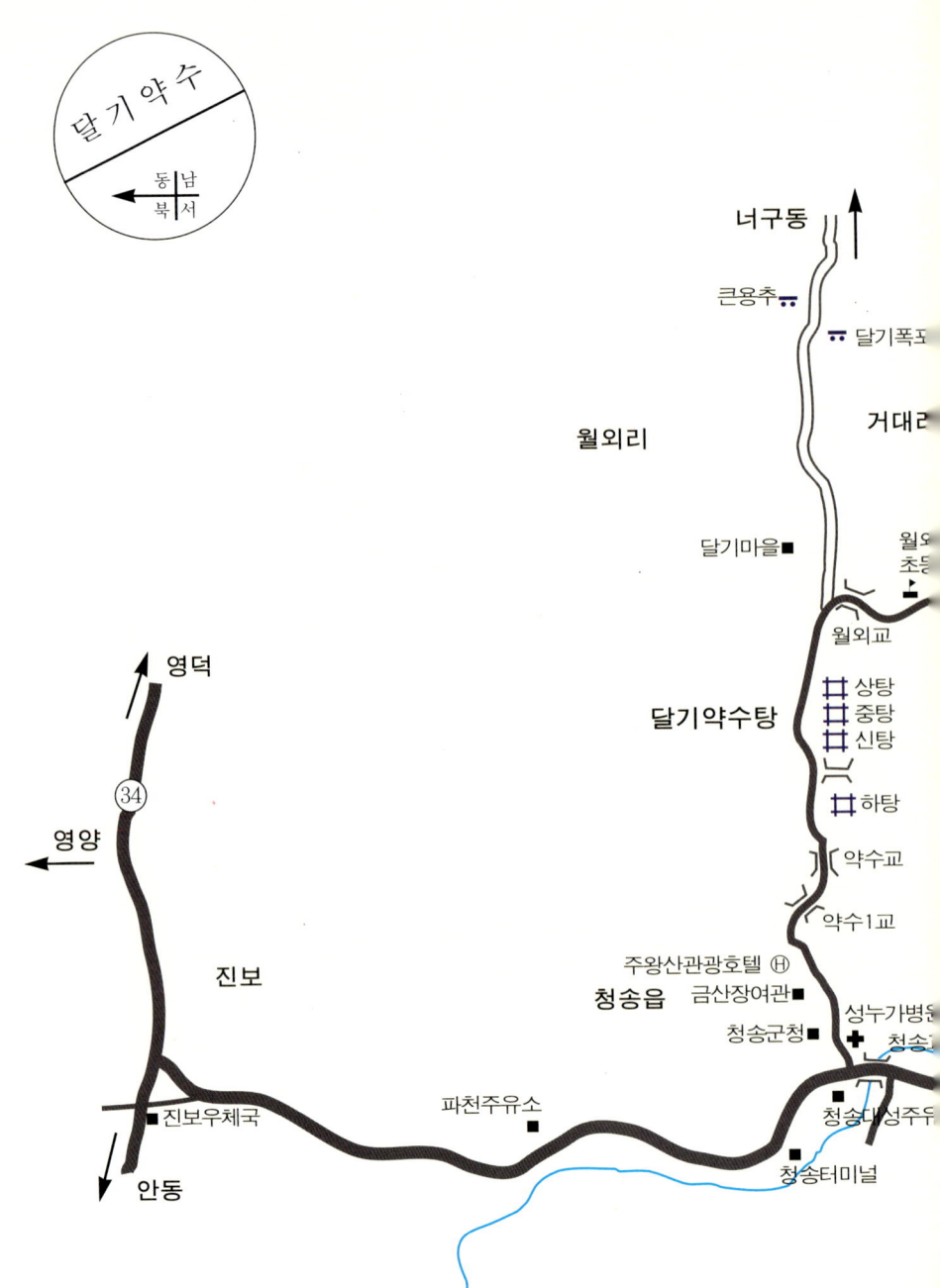

달기약수

동 남
북 서

너구동

큰용추

달기폭포

거대리

월외리

달기마을

월외
초등

월외교

상탕
중탕
신탕

달기약수탕

하탕

약수교

약수1교

주왕산관광호텔 Ⓗ

영덕

청송읍   금산장여관

성누가병원

34

청송군청

청송

영양

진보

청송대성주유

진보우체국

파천주유소

청송터미널

안동

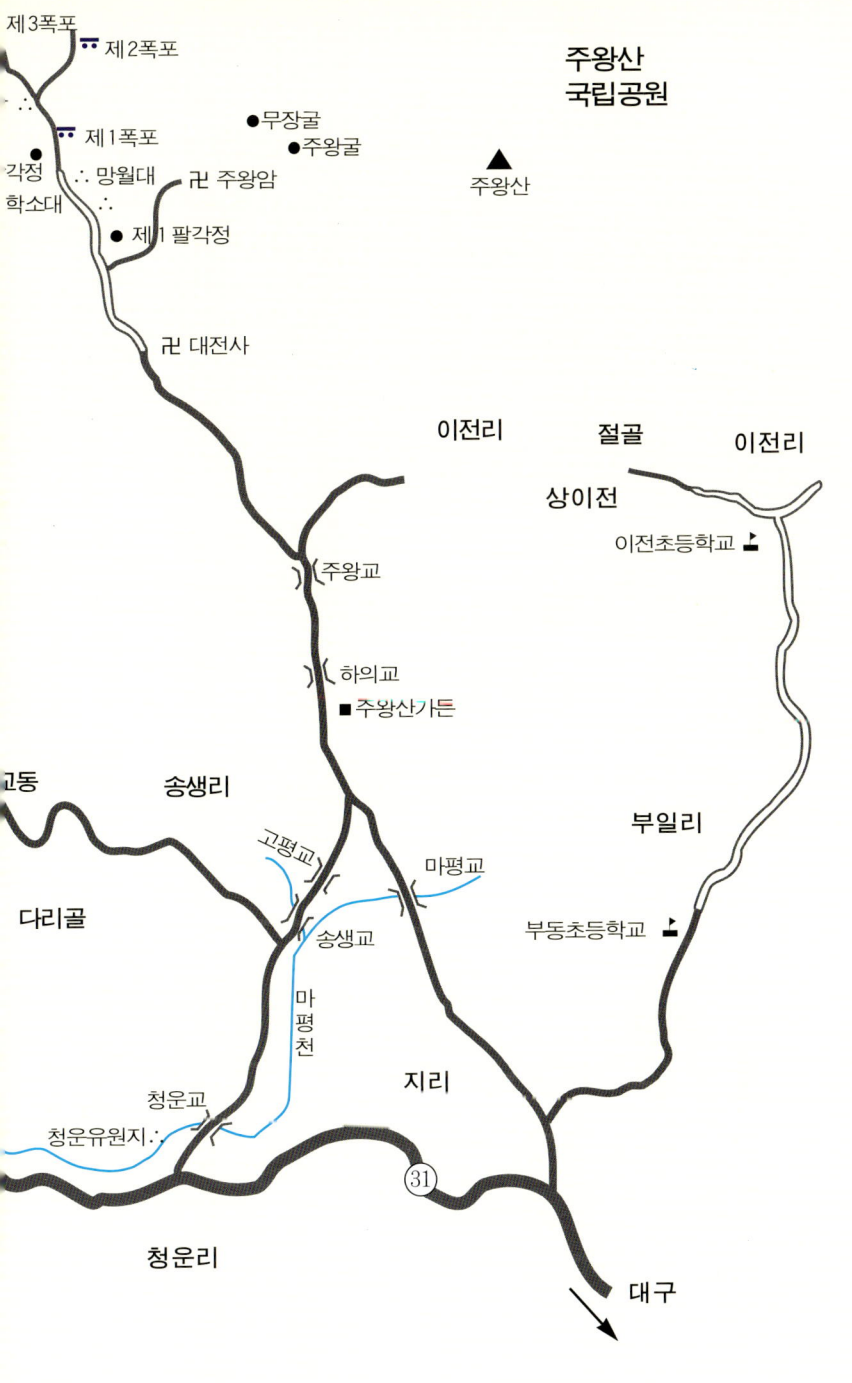

제3폭포

제2폭포

무장굴

주왕굴

주왕산
국립공원

제1폭포

각정

주왕산

학소대

망월대

卍 주왕암

제1 팔각정

卍 대전사

이전리

절골

이전리

상이전

이전초등학교

주왕교

하의교

주왕산가든

고동

송생리

부일리

고평교

마평교

다리골

부동초등학교

송생교

마평천

지리

청운교

청운유원지

31

청운리

대구

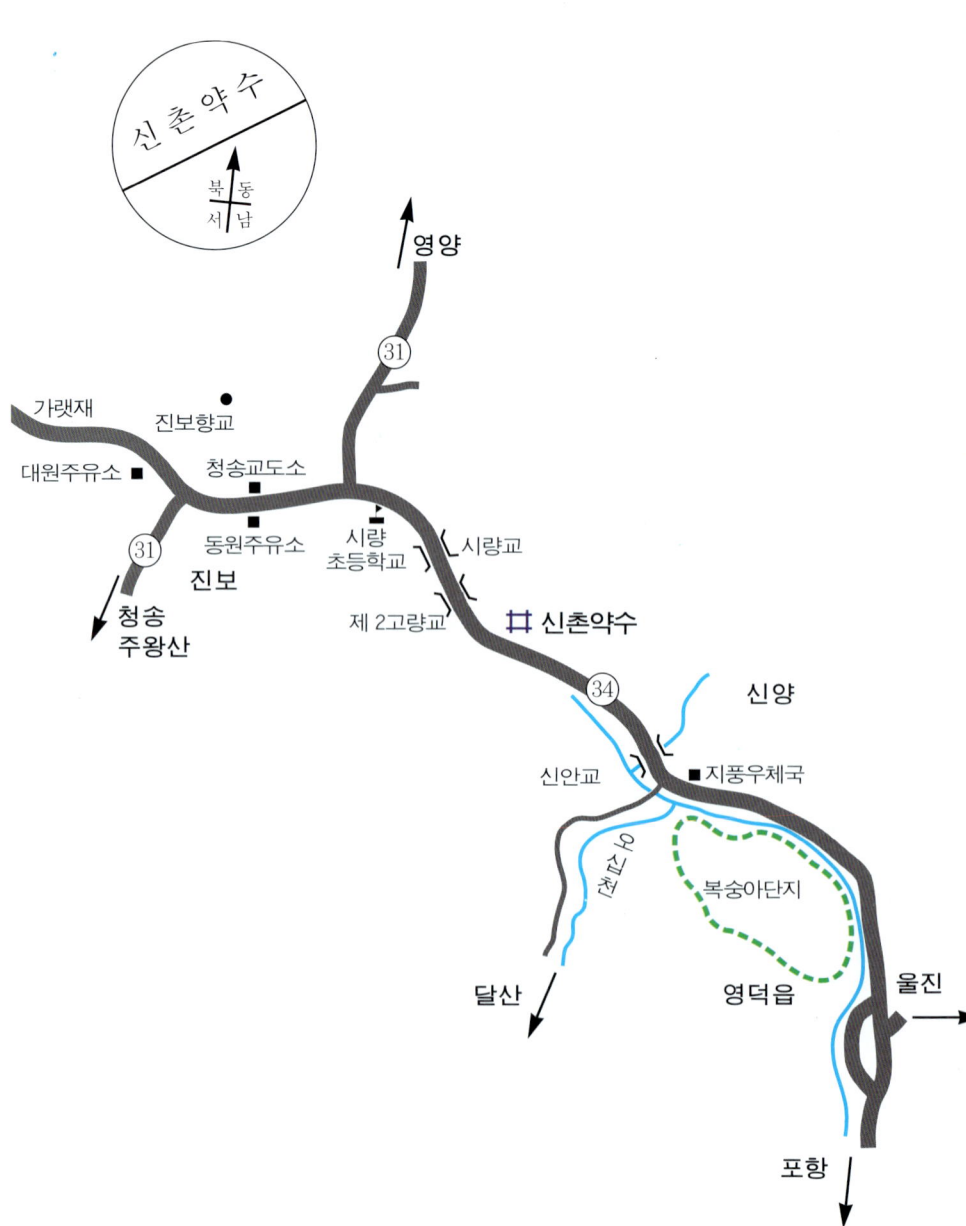

신촌약수

북 동
서 남

영양

31

가랫재
진보향교
대원주유소 ■
청송교도소 ■
동원주유소
진보
31
청송
주왕산

시량
초등학교
시량교

제 2고량교
♯ 신촌약수

34
신양

신안교
지풍우체국 ■

복숭아단지

오십천

달산
영덕읍
울진

포항

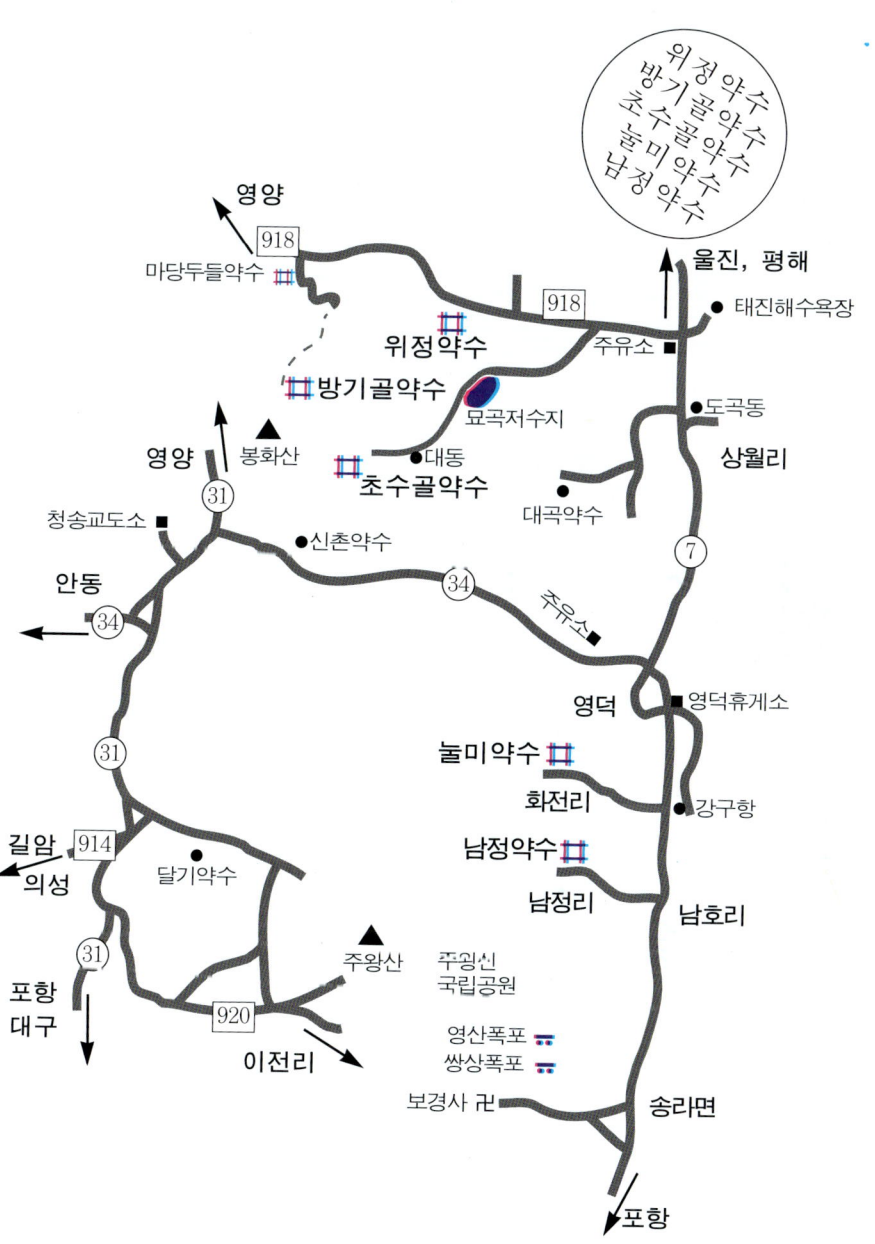

위정약수
방기골약수
초수골약수
눌미약수
남정약수

영양
918
마당두들약수

울진, 평해
918
● 태진해수욕장
주유소

위정약수
● 도곡동

방기골약수
묘곡저수지

영양
봉화산
31
● 대동
상월리

청송교도소 ■
초수골약수

안동
신촌약수
● 대곡약수

34
34
주유소 ■
7

31

영덕
■ 영덕휴게소

눌미약수

길암
914
화전리
● 강구항

의성
달기약수
남정약수

31
남정리
남호리

포항
대구
주왕산
주왕산
국립공원

920
영산폭포
쌍상폭포

이전리
보경사 卍
송라면

포항

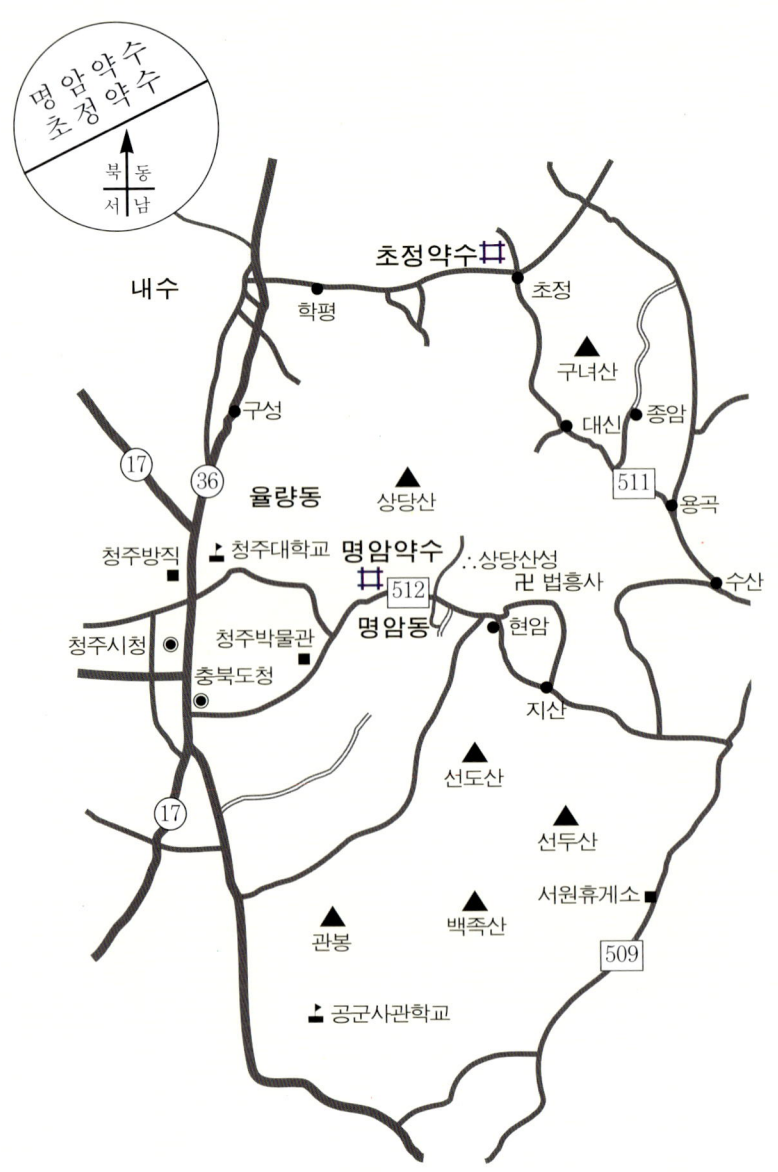

명암약수
초정약수

북 동
서 남

초정약수 ♨
내수
학평
초정
구녀산
구성
대신 종암
⑰ ㊱
율량동
상당산
511 용곡
청주방직 ▮ 청주대학교 명암약수 ∴상당산성
수산
청주시청 ◎ 청주박물관 512 卍 법흥사
명암동 현암
충북도청 ◎
지산
선도산
선두산
⑰
서원휴게소 ▪
관봉 백족산
509
▪ 공군사관학교

참고 문헌

김열규, 『한국 민속과 문학 연구』, 일조각, 1971.
———, 『한국 신화와 무속 연구』, 일조각, 1977.
김흥규, 『한국 문학의 이해』, 민음사, 1986.
김홍주, 『한국 51 명산록』, 산악문화, 1996.
서대석, 『한국 무가의 연구』, 문학사상사, 1980.
이태교, 『재미있는 물이야기』, 현암사, 1991.
장주근, 『한국의 세시풍속』, 형설출판사, 1984.
정경숙, 『한국 온천과 약수』, 하나의학사, 1989.
최형돈, 「우리샘 맛난 물」, 『산모임』 7호, 1991.

『건강 찾는 약수여행』, 살맛난 사람들, 1993.
『물』, 연세대학교 환경공해연구소, 1997.
『전국 온천약수 총람』, 한국관광공사, 1985.

월간 『사람과 山』, 산악문화.
월간 『산』, 조선일보사.

빛깔있는 책들 301-31

한국의 약수

글	―민병준
사진	―남승찬

회장	―차민도
발행인	―장세우
발행처	―주식회사 대원사

편집	―박수진, 김분하, 김수영, 연인숙, 최은희, 김남연, 권효정
미술	―김명준, 김지연
총무	―이훈, 이규헌, 정광진
영업	―김기태, 이승욱, 문제훈, 안태경, 박경이
이사	―이명훈

첫판 1쇄	―1997년 12월 15일 발행
첫판 2쇄	―2001년 6월 30일 발행

주식회사 대원사
우편번호/140-901
서울 용산구 후암동 358-17
전화번호/(02) 757-6717~9
팩시밀리/(02) 775-8043
등록번호/제 3-191호
http://www.daewonsa.co.kr

(벱) 값 13,000원

© Daewonsa Publishing Co., Ltd.
Printed in Korea(1997)

ISBN 89-369-0208-3 00980

빛깔있는 책들